你永远玩不过一个懂逆向思维的人。

# 逆向思维

张星星◎著

中国商业出版社

**图书在版编目（CIP）数据**

逆向思维／张星星著. -- 北京：中国商业出版社，
2024.4
ISBN 978-7-5208-2833-8

Ⅰ. ①逆… Ⅱ. ①张… Ⅲ. ①思维方法–通俗读物
Ⅳ. ①B804-49

中国国家版本馆 CIP 数据核字（2023）第 247379 号

责任编辑：朱丽丽

中国商业出版社出版发行
（www.zgsycb.com 100053 北京广安门内报国寺 1 号）
总编室：010-63180647 编辑室：010-63033100
发行部：010-83120835/8286
新华书店经销
三河市新科印务有限公司印刷
\*
710 毫米×1000 毫米 16 开 16 印张 200 千字
2024 年 4 月第 1 版 2024 年 4 月第 1 次印刷
定价：59.80 元
\* \* \* \*
（如有印装质量问题可更换）

# ┃ 序言 ┃

作为沃伦·巴菲特的合伙人和黄金搭档，查理·芒格在 50 多年的时间里，一手缔造了伯克希尔·哈撒韦公司 19.2% 年复合增长率的奇迹。这位投资家的成功法则只有一条，那就是"反过来想，总是反过来想"。

查理·芒格总是用逆向思维考虑问题，从反方向寻找答案。比如，为了研究企业如何做强做大，他首先研究企业为何衰败；大家更关心如何在股市投资中赚钱，他关注的是为什么在股市里投资的人纷纷失败了。

当大家朝着一个固定的方向思考问题时，聪明人反其道而行之，从对立面进行探索、寻找答案，或者从结论倒推探究事物的本质，从而让困惑烟消云散，让难题迎刃而解。这就是逆向思维的神奇之处。

一家三口从农村搬到城市，准备找一处房子租住。大多数房东看到他们带着孩子，都拒绝租借。最后，他们来到一座二层小楼的门前，丈夫小心敲开了大门，对房子的主人说："请问，我们一家三口能租住您的房子吗？"

房主看了看他们，说："很抱歉，我不想把房子租给带孩子的租户。要知道，孩子非常闹心，我需要安静。"再一次被拒绝，夫妻两个显得非常失望，拉着小孩的手转身离开。

孩子把这一切都看在眼里，走了没多远，他转身跑回来，用力敲了敲大门。房子的主人打开门，疑惑地打量着眼前的小家伙。小孩突然对房东说："老爷爷，我可以租您的房子吗？我没有带孩子，只带了两个大人。"房东听完孩子的话，哈哈大笑，最终同意把房子租给这一家三口。

简言之，逆向思维是对司空见惯的、似乎已成定论的事物或观点反过来思考的一种思维方式。

在任何一个领域，逆向思维都具有普遍的适用性。换句话说，每一种对立统一的形式，都有逆向思维的角度。比如，大与小、高与低、软与硬等性质上的两极对照，上与下、前与后、左与右等空间上的颠倒互换，彼此都是互逆的。站在某个角度思考其对立面，就是逆向思维模式。

善于利用逆向思维研究、解决问题的人，通常具有强烈的批判与创新精神，而这在很大程度上保证了其思维的科学性、严密性和准确性。不同于正向思维的常规性、标准性、公认性特点，逆向思维能够帮助人们克服思维定式，破除由经验和习惯造成的思维僵化，实现进步与成长。

本书从反主观、反常识、反惰性、反定式、反惯性、反依赖、反消极、反从众等方面总结了进行逆向思考、实现认知升级的方法论，并从做事、表达、处世、社交、职场、奋斗、管理、人生等角度阐述了进行逆向操作的建议。

在这个世界上，一个能够逆向思考的人，才是真正伟大的人。学会逆向思考是如此重要，然而在我们身边，很少有人把它当作一种修养和技能。希望你从此刻开始作出改变，尝试着用逆向思维考虑问题，才能有足够的智慧应对世界的变化和未来的不确定性。

# | 目录 |

一个人的主见，是别人永远攻不破的堡垒。主观认识受到个人经验、情绪、利益等因素影响，存在很大的局限性。如果做不到足够客观，那么我们看到的就不一定是事实，听到的就不一定是真相。聚焦外部视角，才能离真相更进一步。

巴菲特告诫人们：在别人贪婪的时候恐惧，在别人恐惧的时候贪婪。反常识就是正确质疑自己的直觉，在必要的时候抛掉之前的想法。显然，一个人如果持续不断地用同样的方法做同一件事情，却期望得到不同的结果，就会陷入荒谬。

## 第 03 章　反惰性：别用身体的勤奋掩饰大脑的懒散 / 035

不要假装很努力，结果不会陪你演戏。有的人身体很勤奋，在熟练的事情上作无数个时间的叠加，这种虚假的努力掩盖了大脑的懒惰。反惰性，就是彻底改变只有肌肉努力的状况，让大脑行动起来，否则你的梦想就只是想想而已。

## 第04章　反定式：创新性思考帮我们突破困局 / 051

人们往往拿已知的东西来判断未知的事物，拿错误的推论当正确的结论。换句话说，我们对世界的理解，正在阻碍我们对世界的进一步理解。在思维定式的作用下，一个人摆脱不了已有"框框"的束缚，陷入僵化，变得消极。此时，唯有创新才能让人生破局。

## 第05章　反惯性：头脑风暴让我们的认知觉醒 / 068

几乎每个人都具有或重或轻的惯性思维。它隐蔽地渗透于我们的思考中，不易被发觉，又让我们事后颇为烦恼。遇事多问一句"为什么"，多想一次"还有没有更好的办法"。反惯性思维改变我们看待和体验这个世界的方式，让我们的思维框架不再受限制。

## 第06章 反依赖：学会独立思考才能拥有非凡的远见 / 083

当你以依赖性思考模式看待世界，真理和谬误就是混沌的。没有分辨是非对错的能力，不靠逻辑鉴别信息真伪，那么人生处处都是坑。反依赖，才能拥有独立的人格，在自由思想的基础上变得优秀，真正地成为你自己。

## 第07章 反消极：悲观者永远正确，乐观者总是在进步 / 099

人生最大的战役，不是和别人对抗，而是和自己的懒惰与怯懦作战。不要碰到一点挫折，就失望沮丧，从此一蹶不振。人这一辈子，该走的弯路、该吃的苦、该撞的南墙，一样都少不了。坚强挺住，跨越低谷，终会迎来诗与远方。

## 第 08 章　反从众：群体会抑制个人的理性反思能力 / 115

一个人无论多么聪明、理性，一旦进入特定的群体就会变得盲目、冲动，不想做乌合之众却常常不自觉地置身其中。摆脱这一魔咒的方法是质疑群体提供的意见、想法和信念，学会理性分析与深度思考。

当擅长正向思维的人苦苦寻找从起因到预期结果的变现方法时，擅长逆向思维的人却从结果反推到起因，轻松找到了执行路径。先设定想要的结果，再倒推出如何让执行落地，这种逆向操作是一种高超的办事艺术。

在人际沟通中，有一种智慧叫"以让为争""以退为进"。说话不是比赛，别急着抢答，也别因争辩忘了说话的目的。流水不争先，争的是滔滔不绝。具有逆向思维的人懂得后退、敢于低头、善于认输，拥有打破僵局的圆场能力，处处得心应手。

## 第 11 章　灵活变通：不想出局就要做到圆融处世 / 160

太刚则折，太柔则靡。为人处世之道，贵在刚柔并济。一个人性子太急、说话太刚、办事太较真，就会处处得罪人，哪里都行不通。在逆向思维的引导下，掌握圆融处世的技巧，该变通时且变通，就容易在人生博弈中有更多胜算。

## 第 12 章　转换思路：主动跨越人际交往的误区 / 174

有能力的人做事，有本事的人做势，有智慧的人做局。在人际交往中，我们首先要学的不是技巧，而是布局。正所谓"思维决定出路"，当眼前的路行不通时，我们要善于逆向思考，主动转换思路，从而跨越不可能。

## 第 13 章　反过来想：轻松化解职场棘手难题 / 188

弗洛伊德曾说过：人生就像弈棋，一步失误，全盘皆输，这是令人悲哀之事；而且人生还不如弈棋，不可能再来一局，也不能悔棋。面对职场棘手难题，最有效的策略是逆向思考，这样更容易接近事情的真相，从而高效地解决问题。

## 第 14 章　败中求胜：强者都在绝望中寻找希望 / 203

怎么会不累呢，满心欲望，两手空空，心事重重。每个人都活得不轻松，尤其是深陷逆境的时候。既然已竭尽全力，那就要学会顺其自然，风来听风，雨来听雨。轻轻放下忧虑，暖暖拥抱自己，我们都是苦尽甘来的人。

---

## 第 15 章　逆向管理：高效赋能团队执行力 / 217

---

身处瞬息万变的市场经济中，过去有效的管理方式，在今天看来不一定适合；过去习以为常的管理策略，今天也不再有效。管理工作陷入瓶颈，我们需要逆向思考，及时突破困局，重启团队执行力。

---

一个人有怎样的想法，就有怎样的人生和命运。跳出眼前问题的限制与常规解法，通过层级、时间、视角、边界、位置、结构的变换，重新思考问题及其解决之道，我们才能逆转人生，实现个人财富增长。

逆向思考：思维逆转带来认知升级

◆

# 第 01 章

# 反主观

## 多从外部视角考虑，会有惊人的发现

一个人的主见，是别人永远攻不破的堡垒。主观认识受到个人经验、情绪、利益等因素影响，存在很大的局限性。如果做不到足够客观，那么我们看到的就不一定是事实，听到的就不一定是真相。聚焦外部视角，才能离真相更进一步。

## 人们只关注自己在意的东西

生活中，每个人都有独特的视角，人们习惯于关注自己在意的东西。这种主观认知有很大局限性，容易把自己拘泥于内部世界中，对外部环境缺乏全面、科学的判断。

人们在意某些特定的东西，或者出于对自己有利，或者因注意力有限。如果你想成为更好的自己，一定要敢于反主观臆断，积极主动开阔自己的眼界。

凯勒说过：要使性格有所发展并非简单之事，只有通过艰难和困苦的磨炼才能使心灵强化，视野开阔，雄心振奋，从而达到成功的目的。

鲁迅先生选择弃医从文，是因为他意识到了当时中国缺的是思想，缺的是精神。日本留学经历让鲁迅开阔了视野，认识到了精神薄弱比身体软弱更可怕。因此，他决定弃医从文，用手中的笔去唤醒中国大众的心，来共同抵御外来侵略者。事实证明，他的决定是正确的，他的文字唤醒了无数阴霾中的中国人，同时也拯救了当时灰暗的中国。

眼界的广狭决定了一个人的认知和作为。那些开创伟大成就的人，大多有一些奇思妙想，超越了普通人对凡尘的关注点。比如天文学家伽利略，认为宇宙起源于爆炸。在常人看来，爆炸带来的只有破坏，可是伽利略却给出了疯子一般的判断。这个理论被后人证明是正确的。

在日常生活和工作中，我们要主动关注某些平时不留意的东西，多尝试新的领域和做法，拒绝用主观臆断代替理性思考。当一个人的视野宽广起来，留意的东西变了，认知也会随之发生改变，就更容易在辽阔的天地里发现新世界、取得新成就。

世界的广博与人生的璀璨都远非当下所及，如何避免成为可怜的井底之蛙？要通过读万卷书、走万里路，发现一片新天地。

### ◎跳出自己的舒适圈

我们要学会跳出自己的舒适圈，勇于突破自己，去挑战一些新鲜的事物。行动是成功的阶梯，立刻行动起来，不断尝试新的领域，不断挖掘自己的潜能，才能成为更好的自己。

### ◎多读书，多旅行

不断开阔视野，一个人才能走得更远。读书可以增长见识，开阔视野，行万里路须从读书开始。有时间就去旅行，见识外面的世界，可以让我们清楚何为自己想要的生活。

### ◎志存高远，不留遗憾

在人生道路上，无论哪个阶段我们都应该有明确的目标，树立一个远大的志向，这是谋事、成事的关键。在远大理想的指引下，人们更容易聚焦核心目标、持续奋进，从而避免被消极情绪左右，偏离了既定的航向。

## 不因个人喜好进行决策

成功的人往往是理性的人，甚至保持着绝对理性，因为放弃感性思维才能作出对自己最有利的判断。决策是理性人的活动，决策者的偏好、选择和判断是有条件的，是与所处的情境、地位等诸多因素相关联的。

作决策的时候不能仅仅因为个人喜好就作出判断，我们要尽可能地收集和掌握全面的信息，了解和掌握的信息越多，作出的决策就越准确。

越王勾践背负着奇耻大辱，但是他能理智地分析情况，理性地作出判断，回国后卧薪尝胆，振兴越国，最终灭了吴国。他的成功绝对不是偶然的，是理性思维促成了这一切。深陷厄运之中，勾践没有放弃，而是发愤图强。他怕自己贪图享乐，消磨了复仇的志气，因此控制住私欲，理性地作出抉择，最终击败吴国，实现了振兴越国的梦想。

战国时期，赵国的蔺相如因多次立功，被赵惠文王拜为上卿，官位在名将廉颇之上。廉颇很不服气，扬言如果遇到蔺相如，就当面侮辱他。为此，蔺相如一直躲着廉颇。一段时间以后，廉颇知道了真相，感到非常惭愧，便负荆请罪。蔺相如的理智和为国家着想的情怀打动了廉颇，而廉颇也是一个理性的人，当他意识到自己的行为会损害国家利益时，便立刻作出改变，两个人都善于从外部视角分析问题，从而促使赵国强大起来。

不因个人喜好作出决策，需要我们站在理性的角度考虑问题，善于从大局出发作出决断。古人说"机不可失，失不再来"，在每个人生重大关口，唯有保持镇定才能作出理性的选择，始终走在正确的道路上。理性是一种看不见、摸不着的东西，但只要顺着它前进，就能走到成功的彼岸。

### ◎面对诱惑要控制自己

在充满欲望的社会，理性犹如一面照妖镜，将我们从危险的境地拉回到现实中来。做一个理智的人，不管面对怎样的困难和欲望，都尝试着用理智的头脑分析、解决问题，就能摆脱焦虑、迷惘，做一个内核稳定的成年人。

### ◎时刻锻炼理性决策的能力

理性是深思熟虑、是智慧的表现，理性使人行事谨慎，理性使人沉着冷静。如果说感性使人情感丰沛，那么理性能让人运筹帷幄，成功跨越人生的险滩和泥泞的沼泽。在工作和生活中，时刻锻炼理性决策的能力，而不是被情绪冲昏头脑，是我们一生的功课。

## 对因果关系保持足够的警觉

任何事情都有因有果，这为我们观察事物以及理解特定的关系，提供了一个重要的视角。在日常生活中解决问题的时候，通常的思路是先找到这个问题发生的原因，进而寻找解决问题的方法。如果我们用逆向思维考虑问题，根据事情的结果去追溯原因，也许会让一切变得简单。

"知其所以然，才能知其然。"知道一件事情为什么这样，才能知道这件事情的本质。如果你觉得生活很沉闷，就应该审视一下自己当下的状态。经常听到有人抱怨："我天天早睡早起，经常做运动，以此来充实自己，并且尽力尽心地工作，然而生活中没有一件让人高兴的事。"生活是一个因果循环系统，如果生活中一点好事都没有，那就是你的错了。只要你意识到眼前的现状是自己一手造成的，你就不会认为自己是受害者了。

哲学家培根说过：懂得事物因果的人是幸福的。正所谓"物本有末，事有终始""种瓜得瓜，种豆得豆"。如果我们想收获幸福，需要提前种下幸福的种子，这也是一种因果关系。

也许你想反驳："生活中有人过着平淡的日子，同样感觉很幸福；而有的人成绩斐然，却觉得幸福离自己很遥远。这明显不符合因果关系。"事实上，人们总有自己不幸福的假象，之所以出现这种情况，全在于自己对生活的体验与感受。生活是自己的，没必要为毫无意义的人和事争执，当对因果关系有了进一步认识的时候，你会发现许多烦恼往往是自找的。

比如，你想变成一个善良温柔的人，于是你心怀善念。行善者，做好事，人体内会分泌出令细胞健康的神经传导物质，免疫细胞也变得活跃，人就会变得积极向上。

在付出与回报之间时刻保持警觉，即对因果关系的警觉。在长期的研究中，人们发现了这样一个事实：善良的行为，如夸奖、赞美、勇敢、幽默、尊重、同情、宽容等，往往存在付出与回报的关系，即一个人付出正能量时，这种能量会以另一种形式回报到他的身上。

正所谓"善有善报，恶有恶报"，善与恶也是一种心态，心态不同，命运也不一样。只有付出才会有收获，原因在前，结果在后。因此，我们要学会对因果进行全面剖析，方能到达理想的彼岸。

### ◎多角度思考问题，科学决策

面对眼前复杂的问题，我们要学会从多方面进行思考、分析，考虑其发生或存在的因果关系。此外，不要局限于某一个标准答案，许多时候因果关系还需要视具体情况而定。

### ◎理解事物背后的底层逻辑

取得成功的人往往对事情背后的因果有着深刻的理解，并能利用这些既定的原则实现愿望。换句话说，理解事物背后的底层逻辑，有助于我们越来越接近成功。

### ◎强化内在的自我

学会用积极的反馈去强化自我，多投入精力在自己身上，更有助于思考因果关系。许多问题的答案在自己身上，而不在于外部某个因素。多反省自己，少怪罪他人，更能突破眼前的困局。

## 敢于倾听反对者的声音

生活中，人们喜欢听好话，无论做什么都希望得到别人的支持，而不是被否定。反对的声音是一种阻力，会引起心理上的不舒服。一个成熟的人敢于倾听反对的声音，因为许多时候我们可以从中找到自己的不足，甚至发现真相。

被赞同声包围，我们固然心情愉悦，但也掩饰了很多问题。所谓的"全票通过"，有时往往只是粉饰出来的假象，那才是最危险的存在。用逆向思维来思考这个问题，原来的抗拒和抵触就消失了。反对的声音让我们时刻审视自己，反省自己，完善自己。如果没有了反对声，我们就无法听到真实的声音，就会沉醉在各种假象中，停止成长。

历史上，唐太宗吸取教训、虚心纳谏，唐朝才会繁荣兴盛。建国之初，唐太宗励精图治，经常召见谏议大夫魏徵，与他讨论治国施政的得失。魏徵胸怀大志，胆识超群，以实事求是的精神大胆进谏。在任职的十几年间，他先后向唐太宗进谏了200多次。每一次，唐太宗都慎重地思考他提出的意见，尽量采纳。魏徵敢于进谏，唐太宗敢于倾听反对者的声音，并且勇于作出改变，唐朝也在这对君臣的努力中走向盛世。理性接纳反对的声音，成就了唐太宗的一世英名；敢做反对者，同样也成就了魏徵一代忠臣的美名。

内心平静地接纳反对者的声音，意味着我们敢于正视不完美的自己，从而拥有了超人的格局与胸襟。实事求是地说，反对者有时发出的声音其实是在呈现真相，这有助于我们往更好的方向发展。

我们不能用固定思维来思考问题，要学会用逆向思维审视一切。多听听反对者的声音，也许更能接近事实，纠正我们某些错误的认知。

### ◎学会接受不一样的声音

火花往往是在不同观点的碰撞中产生的，所以拒绝不同的意见就是在拒绝成长；接受不同的意见，就是接受不一样的自己。在这个过程中，我们学习、成长，不断改变，成为更好的自己。

### ◎耐心倾听，敢于直面问题

不要害怕听到反对者的声音，敢于倾听，敢于面对，敢于正视，这样才能够进步，从而完善自己。当别人提出不同的见解时，我们要理性、冷静地分析对方所说的内容，或许对方的一句话就能打开我们认识事物的一个新维度。

### ◎善对反对者的声音

反对的意见确实是一种阻力，让我们陷入被动局面，带来心理紧张、情绪焦虑。但是善对那些反对者，从他们那里得到有价值的信息反馈，可以找出自己的不足。在成长的道路上，不断完善自己也是一种智慧。

## 丢掉你对这个世界的所有偏见

很多时候，不开心或不幸福并不是因为我们的境遇多么悲惨，也不是遭遇了什么挫折，而是在心理上默认了一种固定不变或狭隘的看法。正是这种意识让人们觉得某个目标不可能实现、某个做法不被允许，从而在很大程度上囚禁了自己的思想，导致了"偏见"的产生。

哈兹立特说：偏见是无知的孩子。的确如此，人一旦有了偏见，就会失去公正客观的评价，脱离了原来的基本事实。而且，整天抱着偏见的人不会有太大的进步，更不会获得成功。

在心理学上，有一个名词叫"确认偏误"，意思是人们一旦有了某种偏见，就会寻找相关证据用来支持自己的猜想或假设。在偏见的驱使下，人们会有选择性地收集信息，并主观地解读获取的信息，最终推导出一个符合自己意愿的事实。

《列子·说符》中记载了一个故事。

农夫丢了一把斧子，怀疑是邻居的儿子偷了。接下来的几天，邻居的儿子说的每句话、做的每件事，在农夫眼里都像一个小偷的言行，心里充满了厌恶和敌意。

过了几天，农夫无意间在自家后院里发现了丢失的斧子。接下来，农夫再看邻居的儿子，虽然对方说同样的话、办同样的事，但是明显感觉对方不像偷斧子的人了。

在上面的故事中，农夫一开始对邻居的儿子产生了偏见，主观上把对方想象成偷斧子的贼，结果怎么看对方都不对劲儿。后来农夫找到了斧子，意识到自己冤枉了邻居的儿子，一旦不再带着偏见看人，农夫发现邻居的儿子哪里都好。

事实上，我们看到的世界，不过是自己想看到的世界。如果它不是，我们也会想方设法寻找证据，努力把它变成我们心中想象的模样。换句话说，每个人或多或少都会带有偏见。

毫无疑问，偏见会影响我们作出正确判断，甚至给他人带来伤害。对于那些担任重要职位的人来说，丢掉偏见显得紧迫而重要。

刘畅是一名初三女生，性格特别内向，每天只知道埋头读书。升入高中以后，面对新的同学和老师，刘畅仍旧把全部精力放到学习上，几乎不与同学们交往。

在这个年龄段，安静的女生似乎更容易引起男生的注意。班里几个男生对刘畅有好感，有事没事总是围在她身边。很快，班主任发现了这件事，猜疑刘畅举止轻佻，并逐渐对其产生了偏见。

期末考试成绩出来了，刘畅名列全班第二名，而且数学成绩特别优秀。发奖状的时候，班主任没有说一句鼓励的话，甚至提醒刘畅注意行为检点。那一刻，刘畅感觉受了极大的委屈。

在上面的案例中，班主任戴着有色眼镜看人，对学生带有偏见是欠妥的。

很多时候，我们不喜欢、看不起某个人，并不代表对方真的糟糕，而是内心的偏见在作怪。偏见只会让人显得狭隘和卑微，无法获得积极的能量。

一个偏见较少的人，错误就会少一些，视野会更大一些，成功的机会也就更多。因此，学会宽容才是战胜偏见最好的方法。那么，如何拥有一颗宽容的心呢？

无法宽容待人处世，通常是因为人们太争强好胜。这个世界是多样性的，每个人的想法都会有所不同，你无法勉强别人和自己意见一致，但是要尊重差异性，不去勉强什么。宽容待人其实并不是一件难事，其中也有技巧可循。

比如，有人犯了错，你给他一次机会，这不是纵容，而是宽容的表现。生活中，那些学会宽容、懂得忍让的人，往往拥有良好的心理状态和人际关系，很少发脾气。

偏见就好像一堵墙，那些带有偏见的人只看到了墙那边的土地、鲜花与河水，而且固执地到处宣扬：墙那边不可能有花朵和河流。心性宽厚的人有长远的眼光、通达的智慧，所以能及时避免偏见的危害。

## 太用力反而会适得其反

在道家的观念里，"人"是最渺小的，"道"是最伟大的，所以"人"应该遵循"道"的逻辑去做事，也就是要顺从规矩，按规律办事。那种逆道而行的做法注定要碰壁，会吃大亏。

比如，治理国家、管理企业要按照"道"的法则来做，养生也要按照"道"的法则去执行，为人处世也离不开公认的法则，这都是办事的规律，也就是我们常说的"道"。显然，做任何事情都要尊重规律，顺其自然。

一片宏伟的办公楼群竣工了，负责园林管理工作的人找到建筑设计师，问："人行道应该铺在哪里呢？"

"把大楼之间的空地全种上草。"建筑师给出了这样的回答。园林师还要问，建筑师转身离开了。

不久，楼群之间的土地上长出了小草。每天来这里上下班的人很多，草地上踩出了许多小径。走的人多，小径就宽；走的人少，小径就窄。远远看去，这些羊肠小道非常好看。

接着，建筑师找到园林管理人员，让他们沿着这些踩出来的痕迹铺设人行道。这是从未有过的优美设计，最大程度上满足了行人的需要。

世间一切事物的生存、发展和消亡，都是在时间、空间、环境等外界要素的作用下，按照自己的方式来完成的。因此，对待任何事情，或者做任何事情，都要合乎自然，顺应人情，从而减少失败的概率。听任自然，顺应原本，是老子的大智慧，也是有大格局的表现。

今天，许多人压力大、心理失衡、患得患失，用道家的观点来看，这其实是人脱离了先天而来、自然而然的那种德行，所以失去了泰然自若的样子。具体来说，人们为了利益、目标产生了惊恐、喜悦、苦恼、忧伤，背起苦难追求所谓的幸福，这才改变了自然的心性，让自己陷入了负面状态中。

静下心来想一想，我们有没有为了迎合他人而强颜欢笑，或者明明实力不济，却故作高傲，这种种违背人的本性的做法，是导致我们内心不安的根本原因。

人活着是这样，至于与人交往、谋事治国等也逃离不了这个套路。按照事物本来的规律去做，尊重自然，那么万事都会顺风顺水。反之，违背了原有的法则，作出许多画蛇添足的举动，到头来只能是费力不讨好。

每天日出日落，一年四季变化，这都是规律。一颗种子从发芽到开花、结果，一个人从出生到长大、衰老，也是规律。建造一座大楼，复杂的施工过程中有许多操作技巧，这就是门道。商场上投资办企业，有许多潜在的规律可循，这是经商的智慧。因此，任何时候都要遵循规律做事，懂得顺其自然。

做任何事情，都必须找到固有的规律，按照内在的逻辑去操作。只要顺其自然，便可一顺百顺，一通皆通。

| 第02章 |

◆

# 反常识

## 果断跳出习以为常的思维陷阱

---

巴菲特告诫人们：在别人贪婪的时候恐惧，在别人恐惧的时候贪婪。反常识就是正确质疑自己的直觉，在必要的时候抛掉之前的想法。显然，一个人如果持续不断地用同样的方法做同一件事情，却期望得到不同的结果，就会陷入荒谬。

---

## 看似合理的结果不一定是对的

当人们对某个事物作出判断时，容易受到第一印象或第一信息的支配，会将某些特定的印象或信息作为判断的起始值，这些起始值像锚一样制约着估测值，将人的思想固定在某处。这就是心理学上的锚定效应，普遍存在于生活的方方面面。

人们倾向于把对将来的预测和自己的估计联系起来，用一个限定性的规定或浓缩为限定性的词语作为导向，作出看似合理的判断。然而，看似合理的判断真的就一定合理吗？我们是否应该思考"合理"中有多少是未经过判断的想当然的结论？又有多少"合理"只要经过反证就会立即破灭呢？

研究谈判策略的心理学家格雷戈里·诺斯克拉夫特和玛格丽特·尼尔进行过一项关于锚定效应的实验。他们向几位房地产经纪人展示同一套住宅的背景材料，包括房屋的面积、屋内设施、周边配套以及同类住宅近期的交易情况。但向他们展示了不同的挂牌价，有的偏高于房屋估价，有的偏低于房屋估价，有的高过房屋估价很多，有的低于房屋估价很多。当然，这几位经纪人并不知道专业机构对房屋的具体估价。

看到高挂牌价的经纪人对房屋的估价远远高于看到低挂牌价的经纪人，幅度也随其看到的不同的挂牌价而定。当问及对房屋作出高估价的经纪人其估价的原因时，经纪人先是对房屋的各项优势进行了汇总，说自己是根据这些优势估价的。当问及对房屋作出低估价的经纪人其估价原因时，经纪人先是对房屋的各种不利因素进行了总结，说自己是根据这些不足估价的。

虽然这些房屋经纪人都说自己是独立思考作出的评估，但实验已经清楚表明经纪人作出的估价都受到了房屋挂牌价的影响，他们的评估判断已经严重偏离独立意识了。给出高估价的经纪人所给出的优势理由都是对的，给出低估价的经纪人所给出的不足理由也都没有错，但为什么前者更倾向于优先甚至只看到房屋的优势，而后者更倾向于优先甚至只看到房屋的不足？而且他们都坚信自己的理由是正确的，所以会得出"合理"的结果。

锚定效应能屡屡发挥作用，根本的原因在于对锚定值调整不足。估测目前数值过高或过低，从锚定的数值开始做调整，调整是耗费脑细胞的事，如果此时达到了一个自己认为合理或者可接受的值时，多数人就会停止调整。即便是意识到应该有所调整，以求得其他答案的机会，但因为可参照的样本不够，调整也将过早结束，因此视野狭窄也是许多错误的根源。

锚定效应几乎无处不在，工作和生活中的各种场景都能人为设置产生锚定效应的心理机制，我们比想象中更容易掉进锚定效应的陷阱中。那么，该如何抵制看似合理的结果对作出正确判断的影响呢？

最佳答案就是逆向思维。遭遇锚定效应场景时，把握内心的真实需求，要相信没有人比自己更了解自己。思考的重点是将思维放在其他可能上，思考除了当下的答案是否还有其他答案，其他答案能否比现在的答案更有价值。学会打破当前已知信息对思维的禁锢，就像前例中的房产经纪人，就要打破挂牌价这个信息对自己思维的影响。如果自己接收到的是高挂牌价，那就将信息逆转，以低挂牌价作为前提重新思考，看看得出的结论是否也具有合理性。

逆向思维不是为了逆而逆，而是为了"正"而"逆"。因此，逆向思维的目的不是"逆"，而是通过"逆"得到其他"正"的关系，进而扩展自己的思考空间。

## 我们身边的事物没有绝对的好和坏

天地间的事情，都是相对的，没有绝对的。没有绝对的好，也没有绝对的坏。世间万物都是相辅相成的，既对立又统一。

之所以很多人总是以"非黑即白"的眼光看待事物，是因为受到了"非黑即白思维"的影响，简单地把观点分成两个极端，用黑或白两种方式感知世界。得到的结果是：所有事物都只有两种可能的结果，要么好，要么坏，没有中间地带。

但是，世界的真实情况却并非非黑即白，黑与白只是两个占比很小的极端情况，在黑与白之间存在广阔的中间地带，大量的事实就存在于这里。但非黑即白的思维方式让我们忽视了这一点，产生了严重的认知偏差，越依赖它，感觉越糟糕。当一味执着一样东西或观点时，便再也看不到这个东西或观点之外的选择了。

生活绝非非黑即白那样简单，但在看待问题时，我们还是会经常受到非黑即白思维的影响，倾向于把问题极端化。有一些方法可以帮助我们扭转这种不利于思考问题和解决问题的思维，但都需要建立在逆向思维的基础上。从事情表象的内在一面去思考问题或者从当事者的对立角度思考问题。

培养逆向思维的目的，就是要剥离正向思维带给自己的认知固化，把生活中遇到的问题看成随时可以修改的"初稿"。具体方法如下。

◎永远不要"自以为正义"

某小区内有汽车夜晚不停鸣笛，严重扰民。于是，有人因为无法安静休息、学习或工作，将鸣笛的车辆砸了。这种情况下，当事者能站在"正义"的立场上思考吗？或许有人会拍手叫好，因为砸车者维护了"受害者"的正义，有争议的只是方式问题。或许有人会想，不就是按几下喇叭嘛，就被砸车，一定要作为"受害者"讨回公道。

看看，两种情况下，砸车者、被噪声干扰者和车辆被砸者都认为自己是"受害者"，自己是正义的一方，对方是加害的一方。两者之间没有缓冲带，也就难以沟通、协商。

怀着天然性的正义思维去判定对方是错的，就会陷入法国哲学家古斯塔夫·勒庞所说的"正义的暴力"。为了防止自己被"正义"催眠，必须调动逆向思维来缓解自己的"正义感"，将自己从道德制高点上请下来，学会从对方的立场思考问题，懂得用结论反推原因。

例如，砸车者可以假设自己是噪声制造者，并将自己设定在车辆已经被砸的情景里，反推自己是否希望车辆被砸。这样就很容易摆脱自以为的正义，从而能够从实际情况出发考虑问题。

## ◎任何人和任何事都有多面性

在评论一个人或一件事时，不要片面地作出绝对的判断，要看到人和事的多面性，尝试用逆向思维去思考。例如，某人毁坏了公司的物品或者某人做了一件好事，必须跳出这个单一事件去思考其深刻的行为动机。这个人经常破坏东西吗？这个人做的大部分事情都是好事吗？

任何时候都不能凭借一件事去定义一个人，也不能凭借一个方面去断定一件事。人和事都是实体，形态一定不是平面的，而是具有很多维度。因此，不能以一种思维方式去思考一个人或一件事，正向思维只能在无关紧要时采用，在有需要深刻分析的情景时必须调用逆向思维。

不要轻易就给人或事贴上"好"或"坏"的标签，我们要学会为生活留下更多的空间。事物都是辩证的，没有绝对的。好与坏，它们之间相互包容，相互涵盖，相互转化。


## 提高识别错误的意识


我们每天都会作很多决策，但大部分决策属于日常性的，比如系什么颜色的领带，开车上班还是乘坐公共交通工具上班，晚饭吃什么，去哪里吃，晚上是看书还是追一部电视剧……日常性的决策风险性非常低，甚至没有风险。此类决策过程无须调动错误识别机制，但需要保持错误识别意识。机制是一种具体能力的行为体现，意识是能力的潜藏心理。只有具备了错误识别意识，才能在需要的时候调动错误识别机制予以应对。

什么时候需要调动错误识别机制呢？在我们作非日常性决策的时候，即作出那些不常出现的、关键性的决策。例如，对客户的报价应该选取的范围，是否认可对方的价值需求，是否接受一次关键的职位变动，等等。这样的决策关乎一次合作的成功，关乎长久关系的维系，关乎人生的走向，可能会产生一着不慎满盘皆输的局面。

调动错误识别机制的前提是，必须要具备错误识别意识，在不需要发挥作用时犹如不存在，在需要发挥作用时立即觉醒。从意识到机制的作用过程是：了解潜在的错误（意识），在情景中识别它们（机制），在时机成熟时作出更敏锐的决策（应用）。

无数事实证明，当信息不够多，也不够完整时，就更容易犯错误，导致问题之后会衍生出很多不好的结果。在结果披露之前，往往听不到任何反对的声音；当结果披露之后，许多人会发声，说自己在事情发生之前就知道会发生什么了。这是非常明显的后见之明在起作用，在事态变好时，每个人都想分一杯功劳羹；在事态恶化时，每个人都希望尽早抽身，由他人承担责任。因此，了解潜在的错误需要具备先见偏差的能力，需要在日常生活中积累足够多的材料，完成从质变到量变的过程。如果我们对他人的欠佳想法能够最快察觉不当之处，就能在面对潜在错误时更快、更具体地指出来。

培养自己的先见偏差能力，关键在于以逆向思维围绕"决策"展开。

### ◎逆向分析他人所处的决策情景

非日常性决策是罕有的，如结婚、买房、搬家、换工作，一生能经历几次呢。但这些事情很多人都经历过，他人累积起来的经验为我们创建了一个可供参考的范围，可以指导我们做选择。但在考虑他人的观点和经验之前，必须仔细考虑他人所处的情景，避免犯正向思维的归因错误，将决策方式置于情景之前。

### ◎建立决策反馈体系

正向思维将改善决策质量的关键环节定义在决策的过程中，而逆向思维将改善决策质量的环节定位为及时、准确、清晰的反馈。然而，反馈相对于决策往往是滞后的或者不够清晰的，因此多数人忽略了决策反馈的重要性。

建立决策反馈体系的简单方法是记录决策日志，将自己的重要决策记录下来，包括如何作出决策、希望发生什么、产生怎样的结果和自己的心理感受。详细记录决策日志，可以帮助自己随时审查作出的决策，观察决策执行和决策结果之间的差距，注意自身感受和决策实现之间的关系。

面临艰难决策时，人们会更容易忽略一些重要因素，因此需要决策清单进行辅助。但是，清单的适用性依赖环境的稳定，因为关系清晰，事情不会有太大变化。在瞬时变化的环境中，创建清单的难度就大了很多，但仍然有其存在的价值。一个高质量的决策清单可以平衡两个相反的目标，它足够普遍，考虑到了不同的条件和因素；也足够具体，可以指导行动。

## 警惕经不起推敲的人和事

面对形形色色的人和各种复杂局面，不能轻信听到的话、看到的事。许多时候，有些事情明显违背了常理，经不起推敲，我们要保持警惕，大胆怀疑一切，避免被蒙蔽。

有一天，韩昭侯故意把一片剪下的指甲握在手中而假装遗失，然后严厉地命令："剪下的指甲如果丢失是不吉利的征兆，无论如何也要找到！"

身边的近侍顿时乱作一团，立刻搜寻房间的每一个角落，但是查找了几遍始终一无所获。韩昭侯站在旁边催促道："绝对不能丢失，一定要给我找到，否则谁都脱不了干系！"

大家正在犯愁的时候，一名近侍悄悄地把自己的指甲剪下来，然后惊喜地喊起来："找到了，我找到了，在这儿！"韩昭侯立刻断定这名近侍是一个喜欢说谎的人，马上把他辞退了。

《韩非子》一书中有这样的表述："挟智而问，则不智者至；深智一物，众隐皆变。"意思是，佯作不知而询问，就会明白自己不知道的事情；熟知一件事情，就可以明白其他隐晦的事情。

　　面对那些经不起推敲的人和事，我们要保持警惕，明辨真伪，不让别有用心的人得逞。为此，在为人处世过程中要避免单向思维，因为过于轻信他人极其危险，而在做事的过程中不善于逆向思考，则不利于掌控全局。

　　单向思维限制人的思考能力，一个"很正常"的理由就可以让大脑停止思考。但逆向思维却会从理由的背后展开进一步思考，要么挖掘出比表象理由更深刻的理由，要么挖掘出不同于表象理由的其他理由。要警惕经不起推敲的人和事，是对自我的一种保护。我们要学会分辨这类人、这类事，不让自己落入虚假的陷阱中。

　　当下自媒体异常发达，我们除了享受信息高速带来的红利外，还要面对各种虚假——虚假的消息、虚假的事件，也有虚假的人。有些虚假因为逻辑比较简单而能被快速识破，有些虚假则有很强的逻辑欺骗性让人难以辨识。但假的真不了，虚的实不了，只要运用辩证的逻辑推理，打破经验的惯性束缚，放弃先入为主的尝试主导，多用逆向思维，就可以发现那些根本经不起推敲的人和事。

　　警惕禁不起推敲的人和事非常重要的一点就是：不要轻易相信眼见必为实，尤其是在面对一些具有轰动效应的信息时，不要轻易下结论，看到的可能未必是真相，或许没看到的那部分才是真相。任何单向思考得出的结论都是不可靠的，要学会从截然相反的方面来论证同一件事，反复验证同一结论，看看究竟是不是这回事，才能使最后得出的结论具有说服力。

## 翻转你的大脑，问题迎刃而解

人的思维空间是无限的，像曲别针一样，有亿万种可能的变化。也许我们正被困在一个看似无路可走的境地，也许我们正囿于一种两难选择的境界，这时一定要明白，这种境遇只是因为我们固执的定向思维所致。因为人一旦形成了某种认知，就会习惯地顺着这种思维定式去思考问题，哪怕所选择的解决问题的办法非常不理性，也不愿意换个方向重新思考。为定向思维所困的人，其共同特点是：遵从惯性和盲从经验，所思所行"不敢越雷池一步"。

如今，我们已经知道定向思维对我们的不利之处，也知道逆向思维对我们的巨大助益。我们就要毫不犹豫地抛弃定向，拥抱逆向，但这不是一件简单的事情，需要从改变认知开始，学会将大脑"翻转"过来。

西雅图的一座高层大厦，因客流量不断增多，而电梯承载力不够，导致人们经常因为坐不上电梯而浪费时间，还时常因挤电梯出现纠纷和受伤的事故。面对频繁的投诉和赔偿，大厦所有方终于不再忍受，决定增建一部电梯，但代价是整栋大厦要停止营业三个月，因为需要凿穿每层的楼板，施工难度相当大。

待施工正式开始之时，也是大厦宣布停业之日。一家软件公司租用大厦11层的三间办公室，其负责人听说要凿穿各层楼板安装电梯，觉得有些不可思议，找到大厦经理说："这样搞，即便安装完电梯，大厦的整体结构也会遭到破坏，会存在安全隐患。而且，听说要停业三个月，我们这些公司怎么办呢？你们有考虑过这些吗？"

大厦经理无奈地摊摊肩膀，说："这也是没有办法的办法，每天的状况你也看到了，必须要再安装一部电梯。"

那位公司负责人有些急迫地说："那也不能以牺牲大厦安全为代价啊，那样大厦未来的经营同样会受到影响，有谁愿意到不安全的地方工作。如果这样做，我的公司肯定会搬走。难道就没有更好的办法吗？"

大厦经理摇摇头，说："图纸已经设计完了，工程材料也备齐了，施工即将开始了。"

那位公司负责人说："难道电梯就一定要安装在楼里面，就不能安装在楼外面？"

正是这次急迫无奈的建议，让这位软件公司的负责人意外地成了世界上将电梯安装在大楼外的首创者。

相比于专业工程师，软件公司负责人对于大厦结构和电梯安装，显然是外行，但专业的没想到，外行却想到了。关键在于专业人士被专业场景带入了常识性的定向思维中，电梯历来都安装在大楼内，他们根本就没有考虑过还可以安装在大楼外。外行则完全不受专业常识和定向思维的羁绊，他考虑的是如何能让大厦不停业和不能给大厦带来安全隐患，他还要保住自己的公司，所以他只能充分调动大脑，正向的、侧面的、翻转的，能想到的办法都会去想，思维被彻底打开了，能有将电梯装在大楼外面的想法也就不奇怪了。

无数事实表明，当一个人的思维被定向禁锢时，思考的范围会非常狭窄，再有学识和能力的人也难以发挥，即使面对一般问题也应对吃力。只有突破禁锢，解放大脑，思维能力才能获得释放，而突破禁锢的最佳方法之一就是主动"翻转"大脑，让思维从不同方向交会于问题之上，再难的问题也会找到最优解。

## 更多的可能性藏在对立面中

对立面在哲学范畴的解释是，处于矛盾统一体中的相互依存、相互斗争的两个方面。我国哲学家艾思奇在《辩证唯物主义讲课提纲》中有更详细的阐述："其实一切矛盾着的对立面，在某种意义上说，它们相互间都可以说是处于根本对立的地位，而它们之间都具有一定条件下的同一性。"

哲学的解释或许不太容易理解，再来看看通俗的解释，即指在社会生活中，立场、观点等互相对立的方面。

如果我们的观点与别人对立，就等于站在了别人的对立面。生活中的对立容易为自己树敌，这是不太好的情况，要在不违背原则的情况下尽量减少与人对立。但是，我们看待事物时却需要这种对立，因为每个事物都有其不同的面，如果只看到事物的一面就下结论，就不会发现对立面里隐藏的东西，或许那里有我们更期待的结论。

世间万物，其对立面都是一种客观的存在，以定势思维或单向思维就难以发现对立面，因为思考是直线性的，思维只能从一个面出发，然后不断向前延伸，至于点和面对立的另一面，就无法看见了。但是，若从逆向思维的角度看待事物，思考就呈回旋性和发散性，思维从一个面出发后，一部分向前，一部分四散回转，再从另一面出发，发现更多。

为什么一定要看到事物的另外一面呢？因为我们了解事物，是为了更好地掌控事物，而掌控事物的方法不只在正面角度，对立面中往往藏着更多可能性，但前提是要先发现对立面，并走进对立面。

潘帕斯草原上水草丰美，成千上万个农庄牧场像一颗颗璀璨的明珠，成群结队的牛羊马匹悠闲地享受着生活。但是，草多了，野火就成了最大的隐患。

一天，几名游客在一位农庄主人的带领下正在草原上游玩，忽见远处野火燎原，火借风势迅速向他们这边扑来。他们惊慌失措，准备逃跑。农庄主人大喊：“不要跑，我们跑不过火，现在都听我的，我保证大家没有生命危险。”

农庄主人要大家快速拔光眼前的一片干草，清出一块空地。此时大火已经逼近了，情况十分危急。农庄主人站在空地上靠近大火的一边，让大家站到空地的另一边，然后果断在自己脚下点起火来，眨眼间在他身边升起了一道火墙，这道火墙同时向前、左、右三个方向蔓延。就在人们惊讶不已时，奇迹发生了，农庄主人点燃的这道火墙并没有顺着风势烧过来，而是逆着风势迎向草原大火烧过去，两堆火碰到一块时，正面的火势逐渐减弱，余火向两侧绕走，大家安全了。

脱离险境后，大家向农庄主人请教灭火的道理，农庄主人解释说："草原失火，风虽然向我们这边刮来，但近火的地方，气流都被火焰吸过去了，我点的这把火正是被草原大火吸了过去，再加上我们扒光了那一片草，大火也就烧不过来了。"

农庄主人的灭火方法肯定是一辈辈人总结后流传下来的，我们从中看到了反常识和用逆向思维挖掘事物对立面的妙处。着火了，常识一定会让我们想到用水灭火或者赶快逃跑，但两种方式并非总能管用。在一些火势下，用水灭火如同火上浇油。逆向思维却能帮我们绕过常识的陷阱，特殊条件特殊分析，特殊情况特殊解决。

自然界中一切事物的界限都是有条件的、可变的，任何事物或现象都能在一定条件下转化为自己的对立面。这种相互转化之所以可能，就因为对立面之间存在着矛盾的同一性。思维也是如此，定势思维可以转化为非定势思维，固化思维可以转化为非固化思维，单向思维可以转化为发散思维，正向思维可以转化为逆向思维。思维的转化，意味着角度的转换，也意味着对事物见解的转换，最终发现对立面中的可能，并利用对立面中的可能。

## 扔掉那些所谓的"标准答案"

人类的思维意识是喜欢追逐"标准"的，因为人总是依靠进入某个更能被大众接受的群体中去提升自我价值。常识性的标准答案是公认的,借助其判断事物就是天经地义的,背离其判断事物就是离经叛道的。这种最简单的正确判断同样属于"标准化",完全忽略了事物间的复杂性,如同大部分事情都处于黑白之间的灰色地带一样,大部分事物的判断也只有不同,没有是非。

现实中经常会出现这样的情况:原本行之有效的方法,却不能解决当下的困境;别人应用自如的方法,到自己这里就毫无用处。不是方法失灵了,而是运用不得当,自己期望用千篇一律的思维去应对千变万化的世事,本身就是一对矛盾体。在矛盾中无法解决矛盾,只能制造更多的矛盾。

因此,我们思考问题、思考解决问题的方法,都需要扔掉现有的"标准答案",大胆质疑,大胆逆转,用逆向思维去寻找更多的面。

所谓"逆"就是将公认的"标准"逆转过来,暂定成错误的再质疑。这是社会进步的基础,也是人类前进的必经之路。

德国数学家伯恩哈德·黎曼证明了欧几里得"几何原理"中的"三角形内角和等于180°"这条定理是错的,在地球面上三角形的内角和就大于180°。非欧几何的诞生就源于对标准答案的质疑,进而丢弃,然后重新证明。在逆向思维中,不存在"标准"这个词,因为人生不像做数学题那样,一定会得出一个答案。

寻找另一面,不是单纯地为了不同而找不同,而是要找到更加适用于当下实际情况的那种可能。标准答案再普适,如果不能解决自己的问题,就不能称之为"答案"。同一个问题,有不同的解读和解决方式,若是不打破"标准答案"的束缚,便无法逆转思维从其他的路径找出真正适合自己情况的答案。

人生的旅程由一个又一个问题组成，人生的足迹也是解决一个又一个问题后留下的印记。人生没有标准答案，正确答案也不是唯一的，多去打破"标准"，多用不同的角度看待事物，多用不同的思维理解、分析问题，必然会得出不同的感悟、方法和选择。将自己的思维打开，就等于拓展了通向未来的更多路径，人生会有更多的可能。

那么，扔掉"标准答案"，逆转思维有哪些实用方法呢？

◎隔绝惯性思维的来源

当你习惯了"百度一下"，当你习惯了从各类教学视频里吸取知识，当你习惯了刷短视频来了解世界各地的情况，那么，你已经患上了"思维依赖症"。表面看来是依赖网络，实际上是依赖他人整理好的快餐式知识。并不是说以这样的方法吸收知识是不对的，但是如果长期主要以这样的方式吸收知识就是不正确的，因为这会让你变成思维上的"懒汉"。

摄取别人系统学习后整理出来的知识，就等于放逐了自己的逆向思维、发散思维、深度思维的能力，智慧不仅由知识量组成，更是综合思维能力的集中体现。需要紧迫起来了，从现在开始，隔绝惯性思维的来源，召回那些能让你变得更强的思维吧。

◎增加思维的扩展度

打破一个定势思维，却固化出另一个定势思维，则这次打破就做了无用功。因此，打破定势思维不是因某件事而去进行，而是要成为常态化思维，让思维在任何时候都保持多元性、逆向性和发散性。

　　显然，从定势思维中彻底摆脱出来，并不是一件容易的事。建议以旁观者的心态去看待问题，以挑战者的心态去探索问题，以创造者的心态去解决问题。这样才能彻底摒弃定势思维，形成具有创造力的逆向思维。

◆

# 第 03 章

# 反惰性

## 别用身体的勤奋掩饰大脑的懒散

不要假装很努力，结果不会陪你演戏。有的人身体很勤奋，在熟练的事情上作无数个时间的叠加，这种虚假的努力掩盖了大脑的懒惰。反惰性，就是彻底改变只有肌肉努力的状况，让大脑行动起来，否则你的梦想就只是想想而已。

## 善于从不同渠道获取信息

人们最常用的思维方式是正向的，即惯性思维，基于惯常逻辑推断事物，虽然可以最大限度地节省时间，也易于得出结论。但因为思维沿着一个方向前进，无法检验其他方向的信息差异，思维必将受到极大的局限，得出的结论也无法保证全面性和正确性。

古时人们就认识到惯性思维对人类发展的消极影响，古希腊哲学家亚里士多德说：当惯性主宰人的耐心后，思维将不再灵活。中国的古代哲学家这样定义惯性思维：久会而成习，久合而成惯，久应而成习惯思维。

形成"久会"和"久合"的关键就是思维的定向性，导致思维定向性的关键在于影响思维发散的信息不够丰富，而影响信息丰富的关键则在于不能从多种渠道获得信息。"盲人摸象"的故事就是告诫人们要学会从不同渠道获得信息，才能获得正确分析事物所需的信息量。

当今，我们虽然生活在包罗万象的世界中，每天的新鲜事物都会冲击着我们的视觉和听觉，但切身感受到的"新鲜"却并不多，再加上个人思维能力、分析能力和判断能力的局限，导致我们更愿意接受片面的信息，从而建立了对事物片面的认知。

就像充斥在生活中的八卦消息，多数人都是听风就是雨地跟着以讹传讹，即便传的过程中有对立性的消息传进耳中，也多会选择充耳不闻，继续相信自己希望相信的信息。究其原因还在于接受片面的东西更加容易，接受全面的东西从任何方面来说都会更加困难，等于给自己的大脑增加额外的工作量。

但是，大脑的主要工作就是思考，多接受不同信息，开发思考能力对个人有百利而无一害。如何让自己能更多地获得不同渠道的信息呢？方法有很多种，但方法的根源是必须运用逆向思维，主动从事物的对立面展开思考或者主动向他人征求不同意见，最大限度地扩展自己获得信息的渠道。只有让思维"逆"过来，思维中的惯性才能被逐渐抛开，思维也才能逐渐摆脱惯性的影响，建立更具有开放性的全面思考模式。

### ◎主动从事物的对立面展开思考

惯性思维让我们只能从事物的一个面——所谓的正面进行思考，却忽略了事物的反面。并非所有的反面都是错误的，实际恰恰相反，很多的反面中潜藏着比正面还要正确的答案。

电影《流浪地球》中有句话："让人类保持理性，是件困难的事。"不错，有时我们因为太过感性地看待人和事，才会无法正确分析和判断。主动从事物的已知对立面展开思考，多收集与事物相关的多方面的信息，有助于真正认识事物的本质。

### ◎主动向别人征求不同意见

当所有人意见一致时，是不是就可以宣布"OK"了呢？日本著名的管理学家大前研一在其著作《专业主义》中给出了答案："在犹太人的社会中，为了使讨论深化，总有一位成员敢于提出反驳意见，被称为'恶魔拥护者'。"

"恶魔拥护者"就是逆向思维的最强拥趸，其存在可以看作"为了寻求不同意见而提出不同意见"。但其存在的真正目的是对分析问题和解决方法的可行性进行验证，指出其中存在的矛盾与不合理之处。

## 想想书本上没告诉我们什么

很多人有这样的思维习惯：在生活和工作中遇到问题时，首先思考书本上曾告诉过自己什么，试图直接从书本中得到解决问题的针对性知识或技巧。

读书使人明智，读书能让人不断成长。为什么读书会让人明智和成长，原理是什么呢？绝对不是记住了多少具体的文化知识，而是在文化知识的学习过程中逐渐丰富了自己的大脑和思维能力，由此建立起对事物、世界和人生的正确认知。

如果你不认同上述阐述，那么请想一想，现在你还记得多少上学时书本上的知识点，还会做多少道上学时的练习题，还能背诵多少篇上学时的古诗文，还能记得多少上学时的物理定律和化学实验……可能很多人连最简单的几何代数的公式都记不清了，但这并不影响我们在工作中作出成绩，在生活中获得幸福。因为我们并不是靠固定的知识点去工作和生活，而是靠长期、系统地学习积累下的思维、分析、判断等综合能力。

读书不是为了让我们青春作赋、皓首穷经，更不是成为"笔下虽有千言，胸中实无一策"的书呆子。如果读书只是为了记住，却不能实际应用，无疑是在用身体的勤奋掩饰大脑的懒惰，因为没有达到学以致用的目的。因此，从书本中"拿来主义"是不现实的，所遵循的"书本思维"方式也是不正确的。

当今职场上出现一个新名词，叫"学生思维"，就是身在职场，但脑在学校，还在用在校生的思维方式去面对社会。最典型的职场"学生思维"就是解题式工作，将工作中的事务当成做卷子解题，只给出一个所谓的"正确答案"，就没有然后了。完全背离了职场中和实际业务中的变化性、多元性和不确定性。学生思维的最根本原因就是从书本上寻找答案。

"你有没有了解过最新的政策？"

"政府对经济的支持始终不变，况且我们要建设的是环保理念的住宅和商业区，政策上绝对没有问题。"

"你的数据很漂亮，我不做反驳。但我了解到一周前的一个消息，就是你向我提供这份报告的前三天，政府正在考虑在这片区域旁边 15 千米的山谷里建设一座监狱，以替代目前设施老旧的监狱。虽然这个消息尚不确定，但这则消息已经不足以让我们在此地冒险了。"

可以想到，此人的数据一定是按照常规标准调查、在常规思维的分析下作出的，但对方却从社会面的角度给出了更加震撼且真实的反驳理由。简单的一个案例（更像是一段对话）就让我们明白，在面临实际工作和生活中需要解决的问题时，我们需要思考的是书本上没有告诉过我们的那些东西，那些隐藏在事物背后的潜在逻辑，那些隐匿在真相深处的隐形规律，那些我们只能以逆向思维方式从事物的其他面获得的最有利、最鲜活的东西。

## 有限的观察导致不科学的预测

人类的大脑有一项特殊的能力，就是根据过往的结果进行推断。至于推断的对与错，并不受判断能力的控制，而是受观察范围的限制。

杜克大学心理学家兼神经学家斯科特·胡尔特通过一项简单的实验，发现了人类大脑对暗示的反应。实验是让受试者观察面前机器上随机呈现的图形，包括圆形、矩形、梯形、三角形、正方形，并根据出现的图形推断接下来可能出现的图形。当出现一个单独的图形时，受试者往往不知道接下来会出现什么图形。但当一个图形连续出现两次或以上之后，受试者即便知道图形是随机出现的，仍会认为接下来出现的还是这个图形。

这项实验表明，两次或以上出现同一种图形其实并不代表一种趋势，但大脑却认为这就是一种趋势。为什么大脑会出现如此明显的判断错误，将随机性与趋势性混在一起呢？因为我们的大脑有一种从出生就被深植的常态化思维，即想要找出模式。我们在思考某件事或者执行某项任务时总是想预先找到一种自己习惯的模式，渴望用已知的情况去分析未知的情况，导致整个寻找的过程非常迅速，研究人员称之为"自动的和习惯性的"。

假如你准备买房子，心理价位在 75 万元到 85 万元之间，看中的一栋房子的业主标价 95 万元。你势必和业主展开一番讨价还价，并且要去调查条件类似的房子的价格。如果你接下来看到的几栋条件类似的房子的价格都标在 90 万元以上，你就会对自己的定价产生怀疑，如果此时业主使用一点儿简单的技巧，如房子正被几个准买主议价，很可能你就会以 90 万元以上的价格成交房子。真实情况如何呢？或许那栋房子的市场均价只有 80 万元左右。

类似这样的情况，很多人都曾遇到过，买的产品总是价格偏高，根本原因就是在常规思维的引导下，放大了有限的样本传递出来的不正确的信息，导致不科学的预测。因此，我们的建议是，遇到类似的情况一定要让逆向思维发挥作用，将原本的用条件推导结果变为用结果推导条件。比如，就以 75 万元到 85 万元的价格去寻找同样条件的房子，看看能否找到，找到的难度如何。这样做是为了降低大脑被有限的样本束缚的程度，让自己能够更合理地考虑其他的可能性。

在此我们推荐一个非常好用且必须要用的方法：调动逆向思维，优先考虑备选方案。

根据过去的结果进行预测的模式，是建立在未来与历史的特征相似的情况下，这是典型的常规思维。而逆向思维要首先否定未来与历史的特征具有相似性，甚至完全不相似。只有这样，我们的大脑才有机会对其他合理的可能性进行预测。

因此，要先将常规思维考虑的最佳方案"摒弃"，逼迫自己去拓展观察的样本数量，然后清晰而完整地列举备选方案并进行考量，从中选择能够和常规思维的最佳方案博弈的方案，或许这个方案能直接打败对手。

## 拥有提出问题的能力

有这样一则小故事：

有一天，某人跟朋友聊起了汉字，说汉字很多都是形声字。比如：三点水加"奚"字还念"xī"；三点水加"林"字还念"lín"；三点水加"来"字还念"lái"。

然后他貌似不经意地问朋友："三点水加'去'字念什么？"

朋友的第一反应是：念"qù"？但转念一想觉得不对，就否定了"qù"，回答说不认识。

他笑说："这个字多常见啊，是'法'啊！"

其实，这个问题没有一点难度，但提问人用的方法很巧妙，把朋友的思维定向在形声字上，都是三点水加一个字，还念这个字的读音。朋友果然在定向思维的误导下，从回答错误到完全迷惘了。

当一个人的大脑被惯性思维占据时，面对任何问题都只会用一种方式寻找答案，甚至一些非常简单的问题也在惯性思维的作用下变成了"无解的难题"。

上面这个小故事不仅让我们看到了惯性思维的巨大"破坏力"，

也领略了具有高超提问能力的巨大"影响力"。每天，我们都会遇到各式各样的提问，劣质的提问会让我们难以回答，甚至陷入尴尬，优质的提问则会让我们敞开心扉，恍然大悟。

将优秀之人与平庸之人区分升的一项重要能力就是提问能力。越是被誉为"成功人士"的人，越善于向自己和他人抛出"优质提问"。优秀的提问能力建立在对问题长期思考和深入理解的基础上。如果不懂得思考，连问题的本质是什么都不明白，自然也就无能力提出能够影响自己或他人的问题。很显然，长期思考和深入理解不应是站在惯性思维之上，因为那样的思考太过直线和简单，无法挖掘出问题的本质。

那些擅长提问的人，都是具备逆向思维能力的人，在他们的思考体系里，逆向思维、发散思维、反常识思维和反直觉思维永远是主角，且以逆向思维为核心，而那些最常被普通人调用的常规思维、惯性思维、正向思维，占比非常小，只用于最常规的日常细节中。

以逆向思维为思考核心的人，其思考问题、分析问题和理解问题也一定是反惯性的。不仅向他人发问是逆向思考在先，向自己发问也是先逆向思考问题。牛顿与苹果的故事人尽皆知，一切都源于牛顿问自己："苹果为什么会向下掉，而不是向上掉？"毕竟上下左右都是方向，为什么一切物体都是下落呢？

人的思维很奇怪，思考什么问题，人就会往什么方向作出具体行动。我们每天都在无意识地自问，内心也在无时无刻回答着自己的提问。有位名人说："你停止向自己提问，就等于你的大脑停止了思考。"

## 拒绝单向思考，学会灵活转弯

有句话这样说：我们都在单向思考中走向平庸。这句话还有后半句：因为单项思考等于不思考。

我现在问你：你在思考吗？

这好像是一个很可笑的问题。正常人每一天都是在思维中度过的。思维能力看似人人都具备，但思维的真正含义却不是人人都明白的。因为人们的常规思维方式都是惯性的，即单向的、线性的，习惯于遵循前人的经验，跟随别人的思路，因而丧失了横向的、逆向的思维能力。

比如：1+1=？幼儿园的小朋友都能立即回答出：2。但有没有可能得到别的答案呢？比如：1+1=10，在计算机的二进制算法中，这个等式是成立的。再比如：9+6=3，早上 9 点加上 6 个小时，就是下午 3 点。

单向思维是依循惯性存在的，可以高效地处理常见问题，因而是生物进化的产物，对于生命适应环境有着非常重要的意义。行为心理学告诉我们：一个人一天的行为大约只有 5% 是非习惯性的。即剩余的 95% 都离不开惯性，即便这 5% 的非惯性可能也是不得已而为之的。因此，人们是习惯于单项思考的，但单向思考对于新事物、新问题或者复杂的问题，不仅难以给出有效解决，还可能衍生出更大的问题。因为思考的方向错了，走得越快离失败就越近。如果在这种情况下，能尽早逆转思维，用逆向思维去思考问题，就会发现"柳暗花明又一村"，且这一村的风景要远胜于其他。那么，我们要如何发现"又一村"呢？

◎跳出旧概念的框框

达·芬奇的老师说："即使是同一枚鸡蛋，只要变换角度去看，形状也是不同的，或许你会发现这枚蛋的奇妙之处。"

思维也是如此，即便是同一件事，也要主动跳出事物原有的条件，改变解读的角度。著名的"曹冲称象"的故事，就是运用逆向思维灵活转弯的最佳诠释。曹冲的思维没有被限制在"称象"中，而是思考什么东西可以代替大象称重，转到了问题的背后，给了问题"致命一击"。

与此类似的问题还有很多，比如一只装了半瓶水的瓶子，用软木塞塞住瓶口，如何在既不拔出塞子，也不敲碎瓶子的情况下喝到水呢？正向的惯性思维无疑是拔出塞子，但问题中给设限了，那么就采用反向的逆向思维将塞子摁进瓶子里，同样也会喝到水。

◎用逆向思维找出问题的薄弱环节

如果将问题看作一个防御工事，那么其一定有最薄弱之处。但运用正向思维显然难以找到这个薄弱之处，因为任何防御工事的正面防御总是最强悍的。因此，需要迂回敌后去寻找弱点，这就需要用到逆向思维。

三个科学家乘坐一只热气球，一位是粮食科学家，他能解决未来世界150亿人吃饭的问题；一位是核物理科学家，他能解决人类未来必然会面对的核污染问题；第三位是环卫科学家，他能解决越发脆弱的全球生态平衡、保护地球、人与自然和谐共存。非常不幸，热气球出了故障，必须有一位科学家跳下去，才能保证另外两位科学家的生命得救。请问：究竟该扔下谁？

如果你沿着"科学家能力与人类未来"的角度思考，将永远找不到解决问题的办法，毕竟三人的重要性不分伯仲。不论这个问题的急迫性如何，我们都需要调动逆向思维，"抛开科学家重要性"的既定条件，直接从问题的本质"挽救热气球"出发。那么，问题的答案就很明显了，谁最胖就把谁扔下去。

我们必须突破单向思维的框框，在旧概念和新概念之间"造出一条新路"来解决问题，深刻认识事物。

## 避免做事只有三分钟热度

有一则图画寓言。

一个人用铁锹挖土找水。第一次向下挖了很深，但没有挖出水，他失望地放弃了；第二次换个位置重新挖掘，还没挖到上次那么深，又因为没有水而放弃了；第三次又换位置再挖，但心浮气躁之下，挖得很浅就放弃了。于是，他断定这个地方没有水，就离开了。但图中显示，他挖得最深的那次，距离下面的水已经非常接近了，但他没有坚持。如果将三次挖掘的深度相加在一次挖掘上，早就能挖出水了，但很遗憾，他挖掘的热度不够持久。

"三分钟热度"这句话人尽皆知。从小父母和老师都不断地告诫我们：做事决不能三分钟热度，否则将一事无成。

挖水人也付出了努力，但他的努力不够坚定，让自己在距离成功只差一点儿的时候放弃了。人生太多的遗憾不是因为没有选择，而是有选择时不能努力和坚持，眼睁睁看着自己距离成功越来越远。

那些不能坚持的人，都是按照常规思考模式，只看到自己的努力没有换来回报，没有想到暂时没有回报是为了迎接未来的回报，但前提是要坚持下去。问问那些成功者，他们的秘诀是什么，他们可能会给出各式各样的答案，但所有的答案里一定包含一个条件因素——坚持。

我们都知道"三分钟热度"对人的消耗，却很少有人知道如何控制"三分钟热度"出现在自己的生活中。本节，我们就教授大家如何通过运用逆向思维，从根本上消除"三分钟热度"。

◎用逆向思维分析事物本质，坚持自己的选择

任何人遇到问题都会进行分析，但分析的效果存在巨大差异。电影《教父》中有一句经典台词："花一秒钟就看透事物本质的人，和花一辈子也看不清事物本质的人，注定有截然不同的命运。"

我们不能说"花一秒钟能看透事物本质的人"一定是运用了逆向思维，也不能说"花一辈子也看不清事物本质的人"一定没有运用逆向思维，但前者的思维能力显然高于后者 N 倍。而具有更高思维能力的人，其思维一定是发散的、可翻转的。

◎用逆向思维打开人生症结，坚持逆转未来

有一句话曾经很流行：人生是由后悔组成的。

这句话被很多失败者奉为经典，常常翻出来聊以自慰。失败者将放弃看成天意，认为放弃不是自己的错，是命运对自己不公。

但是，如果以常规思维理解这句话，就大错特错了。人生是由后悔组成的"后悔"，是指那些尽了力而确实难以做到的事，绝不是那些根本没有努力做就放弃的事。其实，用逆向思维理解这句话就很容易了，即"不后悔由后悔组成的人生"，努力过后才有资格谈"放弃"，因为确实力所不及。

有人问高僧如何才能改变自己的命运，高僧问他："你的生命线在哪里？"

"在我手心里。"

"你的爱情线在哪里？"

"也在我手心里。"

"那么，你的命运在哪里？"

原来，命运就在我们自己的手心里。

## 遵守一万小时成功准则

著名作家马尔科姆·格拉德威尔在《异类》中提出了"一万小时定律"。他的研究显示，在任何领域取得成功的关键在于不断学习和练习，需要练习一万小时。

"一万小时定律"的关键在于，一万小时是底线，是有效用于学习和练习的时间，差不多为 10 年左右，且没有例外之人。

电脑天才比尔·盖茨，从 13 岁时开始学习计算机编程，七年后创建微软公司时，学习和练习的时长超过了一万小时。

对冲基金大鳄斯蒂夫·科恩，从大学期间开始接触投资，到 1984 年拥有自己的团队，历时十年时间，再到 1992 年创建自己的对冲基金公司，又历时八年时间，其间有超过 2 万小时的投资经验。

足球巨星里奥·梅西，2009 年获得个人第一座金球奖，距离他正式加盟职业足球俱乐部青训梯队已经过了 15 年，在 2022 年获得世界杯冠军时，他已经在绿茵场上搏杀了将近 20 年。

一定有人用 3000 小时就获得成功，或者 5000 小时，或者 8000 小时，但那是少数人的特例，不用具体反推规律，是物理学的基本常识。但达到一万小时或者与此对应的 10 年左右时间，成功就基本在前方招手了。

必须承认，这是一个相对浮躁的时代，人们好像已经没有耐心付出一万小时的苦学加苦练，也没有耐心等待破茧而出。快，成了这个时代的成功主旋律，一句"出名要趁早"被奉为金科玉律。很显然，有这样想法的人被时代裹挟了，产生了与时代同频的定势思维。时代催着我，我就想快；时代慢下来，我便不着急。

但是，只要跳出时代的思维定式，抱着敬畏的眼光去审视成功，你会发现，任何时代下的成功所需的条件都是相同的，都离不开努力、选择、勇气、魄力……其中，努力是第一位的，是排在前面的

1，其他条件是后面的 0，没有这个 1，一切都无从谈起。

芸芸众生中的许多天才，终其一生都未能实现自己的理想，哪怕一小步都没有迈出来，多是缺少坚持。有太多的人将大把的时间放在确立目标和人生计划上，怕定错了方向，努力白费，于是一生都在纠结修正目标，却没有一个目标能坚持下来。如果你也有此类情况，我们建议你运用逆向思维，将现状反过来思考。不是目标确定正确了才能下功夫坚持，而是要通过下功夫坚持去验证目标的正确性，这个因果关系不能搞反了。

即便是那些最成功的人，他们在最初确定目标时也不能保证就一定正确，但他们懂得在实践中不断调整，将目标逐渐调整到正确的轨道上。同时，他们在不断坚持中总结并借鉴别人失败的教训，以踏实的努力、扎实的付出，迎接随时可能到来的成功。

记住，人们眼中的天才之所以非凡，绝非只靠天赋，他们更加依靠的是自己的坚持不懈，最终做到甚至远远超越了一万小时定律，才最终锤炼成所在领域的非凡人物。

◆

# 第 04 章

# 反定式

## 创新性思考帮我们突破困局

---

人们往往拿已知的东西来判断未知的事物，拿错误的推论当正确的结论。换句话说，我们对世界的理解，正在阻碍我们对世界的进一步理解。在思维定式的作用下，一个人摆脱不了已有"框框"的束缚，陷入僵化，变得消极。此时，唯有创新才能让人生破局。

---

## 敢于打破自己的思维定式

两个樵夫在砍柴，一个樵夫突发奇问："你猜，皇帝的生活是什么样子的？"

另一个樵夫说："他肯定是用金斧子砍柴吧。"

发问的樵夫觉得不对，反驳说："不对，他是皇帝，怎么能自己砍柴，一定让别人砍柴。"

现实中很多人都像这两个樵夫一样，陷入了定势思维的陷阱中，用固定的模式去推断其他事物。一个问题从现有的角度看是成立的，但也仅仅限于这一个角度，稍微调整角度就不再成立了，更不要提还可能会加入新变量。思维定式不仅限制了思维的广度，也限制了思维的高度和深度，试图以对事物的浅薄见解去解释不断变化的事物本质。

在现实生活中，我们对一些事情常靠既定思维模式来判断，而不做深入思考。而当我们对定势思维下得出的结论进一步探究时，就会发现定势思维的结论往往是站不住脚的。当我们看到一个头发偏长、染上颜色、身穿奇服的少年时，就会不自觉地把他归纳到不良少年的行列。根据惯例，这种打扮与不良少年确实接近，但这又能说明什么呢？以貌取人就是典型的定势思维作祟。

如今，是一个多变的时代，为了应对时代的变化，我们的思维方式也应突破定式，走向非定式，以更加开放、更有深度、更具穿透力的网状结构思考和判断问题，用逆向思维的眼光审视已知和未知的事物。

那么，作为一个世界观和价值观基本定型的成年人，要如何打破固化的思维定式，建立非定式的逆向思维能力呢？

◎学习贵在创新，培养独立思考能力

培根曾说：只见汪洋就以为没有大陆的人，不过是拙劣的探索者。这些"拙劣的探索者"的失败，根本原因在于他们没有创新精神。

利尔斯·亚克敦被誉为世界上读书最多的人，但他一生毫无建树，根本原因就在于他没有将书本中的知识加以创新，转变为自己的思想和能力，而是完全照搬书中的智慧，成了行走的"阅读机"。

与之相反，伟大的思想家卡尔·马克思在博览群书的基础上，独立思考，大胆探索，对资本家发给工人的工资产生了质疑。看到"资本家付出薪资，工人付出劳动"这种再正常不过的雇佣关系背后，还潜藏着"看不见的剥削"。于是，他不断深入工人群众中，调查研究，收集第一手资料，终于发现了"剩余价值"的秘密，为人类的发展作出了巨大的贡献。

◎改变事物路径，释放逆向思维能力

纵观人类科学发展史，一些半路出家的冒险者闯入了一个崭新的科学领域，却带来了意想不到的突破。原为房地产经纪人的约翰·恩德斯发现了在试管中培养小儿麻痹症病毒的简便方法；画家塞缪尔·莫尔斯发明了电报；伽利略发现钟摆原理时还是个医生……这些人之所以能"歪打正着",很重要的原因是他们在新领域没有什么积累,可以更加自由地思考,逆向思维能力也更容易调动出来,以发现在定势思维下无法发现的东西。

因此,我们建议那些在当下问题中找不到方向的人,换一条路试试。当你抛开了过去经验和方法的束缚,或许就能发现解决问题的办法。

## 拒绝改变是因为惯性的力量

古罗马诗人奥维德说过:"没有什么比习惯的力量更强大。"

习惯可以让人减少思考的时间,简化行动的步骤,因此可以将习惯认为是思想与行为的真正领导者。好的习惯可以让我们更有效率,坏的习惯则恰好相反。在每个人的身上,都是好习惯与坏习惯并存,人生就是一场好习惯与坏习惯的拉锯战:好习惯获胜了,就更容易踏上成功之路;坏习惯获胜了,衍生出的都是与成功背道而驰的属性。

每个人都明白,要改掉坏习惯,形成好习惯,并发扬好习惯,让好习惯支配自己。但想与做是两回事,改变已经形成的习惯是非常不易的,所以才有"江山易改,禀性难移"的说法,禀性就是习惯的体现。

将习惯从个人放大到群体,再放大到国家和历史层面,就会发现惯性的力量在悄悄塑造着古往今来的事物。如果问一句"我们为什么要这样做"，最常见的回答往往是"我们一直都是这么做的"。好像"一直以来"就一定是正确的，就必须要被遵守的，就是不可以改变的。历朝历代变法总是非常艰难的，因为旧的力量过于强大，旧有的一切都早已成为难以撼动的惯性，谁想停止这股力量，就会被碾轧得粉身碎骨。但是，即便旧有的惯性异常强大，也依然有人想要停止它，塑造新生的惯性。这样的人都能够跳出时代的局限，挣脱旧有惯性，用全新的思维去看待时代的变局。

推动旧时代变革需要新思维，推动自我改变同样需要新思维，如果旧思维是顺着惯性的力量，那么新思维就要逆着惯性的力量。多从事物相反的方向进行思考，思考原本就存在却未能被看到的那一面或那几面。

在1990年戴维·约翰逊接任金宝汤首席执行官时，该公司的股本回报率和收益增长率等财务指标远远落后于同行，却在每年秋季耗费巨资举办番茄汤促销活动。这项活动的发起时间在第一次世界大战期间，彼时金宝汤公司有自己的番茄园，在番茄收获的两个月内投入全部产能生产出番茄汤和番茄汁，必须要在番茄汤需求旺季到来之前消化巨大的库存压力。然而这种情况早就改变了，金宝汤公司已经提前寻找足够一整年使用的番茄资源，且是随时供货的，几乎不存在库存问题，但秋季促销活动却依然每年举行。

戴维·约翰逊提议立即停止秋季促销活动时，遭到了公司其他高层管理者的反对，他们认为这项活动已经是公司的象征，消费者也已经习惯了，取消了会对公司经营不利。戴维·约翰逊反问："如果从来就没有过秋季促销，你们现在会同意增加这项活动吗?"高管们的回答都是"不"。

最后，金宝汤公司还是取消了秋季促销活动，公司的经营没有因此受到一点损害，反而将节省的人力、物力、财力用到更需要的地方后，销售额大幅度提高了。

惯性的力量就是这样强大，在明知道一件事已经毫无用处时，却仍然能习以为常地坚持着。同样，在明知道一件事非常有益时，却因为以前从来没做过而轻易放弃。鲁迅说过:"世上本没有路，走的人多了也便成了路。"走上一条新路是不容易的，而走下一条旧路则更加艰难，那需要和自己过往许多的习惯彻底"拜拜"。

与旧路告别的最好方式就是先改变思维，将自己从常规思维的通道中拉出来，塞进逆向思维的通道中，鼓励自己多从其他角度去思考，就像戴维·约翰逊那样从活动去反推现实，就能很容易得到"现在根本不可能增加秋季促销活动"的答案。那么，是否应该作出改变就显而易见了，改变的动力也将随之增强。

## 别落入光环效应的陷阱

人类总是倾向于根据总体印象作出具体推论。例如，工作中上级评价下属，会根据智力、体力、反应能力、领导能力等要素打分，但分数所反映的却不是这些要素的真实情况，而是上级对下属的整体印象，即上级喜欢下属，就会打出高一些的分，上级不喜欢下属，就会打出低一些的分。这种现象就是光环效应的体现。

当人或事物被莫名戴上光环后，其所反映出的一切信息仿佛都是好的，当光环失去后，其所反映出的一切信息又都莫名是坏的。光环效应带来的最直接影响是正向思维的认知偏差，同样的人、同样的事、同样的行为，就因为光环效应的存在而产生了不同的"结果"。

光环效应是普遍存在的，以商界为例，旁观者会盛赞一些表现出色的公司，将其"卓越的领导能力、富有远见的战略、严格的财务管控制度、有动力的员工、优秀的客户、充满活力的文化"与成功联系在一起，并建议其他尚未成功的企业学习这些特征来实现自己的成功。当成功的企业业绩大幅下滑时，旁观者会认为是这些特征出了问题。这是正向思维所产生的必然的思维结果，因为人们需要为成功找出一些原因，也要为失败找出一些原因，光环特征操纵了人们的认知。

在《光环效应》一书中，菲尔·罗森维谈到了瑞士工业公司阿西布朗勃法瑞公司的例子。20 世纪 90 年代中期，阿西布朗勃法瑞公司连续三年被评为"欧洲最受尊敬的公司"，该公司因为"分散管理带来的灵活性"受到广泛好评，并带动了一波"分散管理热"。公司 CEO 珀西·巴恩维克也凭借"有魅力、大胆、远见卓识"被授予"全球最佳荣誉经理人"称号。

仅仅几年后，阿西布朗勃法瑞公司的业绩大幅下挫，"分散管理导致部门冲突"被舆论认为是公司衰落的主要原因，对珀西·巴恩维克的评价则变成了"傲慢、专横、听不得批评"。其实，阿西布朗勃法瑞公司的经营策略在这几年并没有变化，CEO 的管理风格如常。但因为公司的光环不在，过往的一切优势就成了被攻击的方面。正因如此，《财富》杂志的记者理查德·汤姆林森在回顾阿西布朗勃法瑞公司的兴衰时，才给出了这样的结论："巴恩维克从来没有像他在 20 世纪 90 年代所获得的好评那样好，也没有像媒体如今报道的那么糟。"

打破光环效应对认知的影响，关键在于调动逆向思维。在别人都说一个人好的时候，反过来想一想 TA 有什么不足的地方；当人们都赞同或反对一件事的时候，也要反过来思考与众人不一致的地方。不能被光环下的耀眼光彩迷惑，也不要被光环退散后的不堪样子吓坏，多数时候事情本身根本没有变化，只是人们强加上去的一些不存在的认知而已。

防止落入光环效应陷阱的另一个方法是正确认识实力与运气。很多领域竞争的结果，都是实力和运气的结合，但多数人并没有很好地考虑两者的相对贡献关系。正向思维会将个体的成绩归纳为实力为主，运气为辅；逆向思维则将个体的成绩总结为实力+运气，不分主次。显然，在这方面逆向思维又一次胜出了。

运气是实力的一部分，但两者仍然属于不同的系统，区分实力和运气对于正确看待事物至关重要。例如，短期投资结果在很大程度上反映了随机性，而非投资者的敏锐。在做一件事的过程中，实力是可控制的部分，运气则是不可控的部分，但运气是客观存在的。

## 想法变了，难题就能变简单

无论富贵还是贫穷，无论健康还是疾病，无论顺境还是逆境，无论任何情况下，"问题"都会与你不离不弃，终身相守，你必须接纳它、尊敬它，然后才能解决它。也许，人活着就是来处理各种问题的。

如何解决难题，考验着一个人的综合能力。通常情况下，人们面对难题时会有三种状态：第一种找不到办法，也没有信心，彷徨无奈，束手无策，等于束手就擒；第二种用乐观掩盖逃避，等着被难题击倒；第三种毫无畏惧、迎难而上，表现英勇却方法不对，同样不能解决难题。有没有第四种状态呢？必须有，即：接受难题，分析难题，然后运用逆向思维彻底解决难题。

迦太基人中曾流传一个故事。

一场大瘟疫暴发了，一位懂得医术的年轻人竭尽全力救治病人，终于感动了死神。一天晚上，死神进入了年轻人的梦里，传授给他非常厉害的治病方法，只要在病人身上点几下，任何疾病都能痊愈。但死神告诫年轻人：只有我站在病人床脚的，你才能救活，如果我站在病人床头，就表示此人大限已到，你就不用治了。若是违反，病人可以救活，但年轻人自己要以命来抵。

年轻人治好了越来越多的病人，成了国内闻名的神医。几年后的一天，国王唯一的女儿得了重病，医生们想尽办法，但公主的病还是越来越重。国王命人找来年轻人，让他给公主治病，若是治得好，不仅重赏封官，还会将公主嫁给他，如果治不好就直接杀了他。他来到公主的病榻前，公主的美丽令他倾心，但床头站着死神，说明公主大限已到。如果同国王说实话，国王不仅不会信，还会杀了自己。如果违背和死神的约定，强行救治公主，自己也会一命呜呼。看起来救得活与救不活，自己都得死啊。他苦苦思考解决的办法，但常规思维已经帮不了他了……忽然，他眼睛一亮，对国王说："陛下，请您命人将公主的床换一个方向，这样我就能把公主治好。"国王立即命人把公主的床换了方向，这样就变成了死神站在公主床尾。年轻人很快就把公主治好了，死神对他也无可奈何。

仓央嘉措说：人世间除了生死，都是闲事。可是当生命权受到挑战时，可谓顶级难题了。年轻人运用逆向思维解决了这个顶级难题，看着简单，实则不易。多数人在解决难题时，想的是从困难之处入手，希望通过直接求解的方法得出答案，但难题之所以难以解决，就是因为正常的、直接的手段已经不能解决问题了。这时不妨转换思维，将思维绕到原本认为不是重点的问题的背后，从反面思考解决问题的方法。下面给出两种绕道的方法。

## ◎抛开现象找本质

美国太空总署曾遇到一个难题：需要设计出一种笔，以帮助宇航员在任何情况下都能方便地握在手里，书写流畅且不用经常灌墨水。这个问题难倒了一大批科学家，最终被一个小女孩"攻克"了，她只给了一个建议：用铅笔。

这个问题本身非常简单，但加上了"太空"的条件后就变得非常复杂，原因是人们的思维被禁锢在只能用灌水的笔上了。小女孩却抛开了现象直奔本质——要的不就是一支能写字的笔吗？答案自己出来了。逆向思维就是将表面的复杂逆转为简单，将表面的曲线逻辑拉伸为本质的直线逻辑。逆向思维实际上是一种超越逻辑知识的智能。

◎**超越限制找条件**

某日用品公司为解决流水线上空香皂盒的问题，向全公司员工有奖征询办法。人工检查、X 光投射检查、流水线改造等什么办法都有人提到。一位新入职的员工则建议：用强力工业用电扇吹空香皂盒，只要风力设定合适，就能解决问题。

常规办法虽然是约定俗成的办法，却不一定是最简单有效的方法。这就要求我们在工作和生活中，运用逆向思维超越难题本身对我们的限制，找到能够解决难题的那一项或那几项必要条件。

把自己的思维翻转一下，心中的迷雾就会渐渐散去。这个世界上没有真正的难题，所谓的难题都只是假象，我们冲破了假象才会发现难题是那么脆弱。

## 人生其实有无限种"可能"

成功是一件非常困难的事，这是事实。于是，很多人开始为自己设限，认为自己不能干这个，不适合做那个，这也不行，那也不行，等于将自己人生的可能性全部封印了。然后，仰头面对苍天，感叹命运不公。

如果命运可以说话，一定会大声斥责这些人：明明是你自己遇到一点困难就自暴自弃，明明是你自己认为自己一无是处。

命运说得没错，我们自己放弃了挖掘人生各种可能的机会，却把责任推给了命运。但是，当很多人听到"人生有无限种可能"这样的话时，都会很戏谑地不认同，觉得自己的人生怎么看都不像有各种"可能"。如果我们只是用常规思维从自己"一无是处"的界定上去审视自己，得到的答案的确是"自己没希望了"。这与那些人生开挂的人的思维完全不同，即便在人生的低谷，他们也能从各种方面挖掘自己的有利一面，然后努力践行。

美剧《老友记》中，钱德前期的工作相对稳定，收入也不错。但他的工作非常枯燥，也很难理解，就连最好的朋友都不知道他具体是该做什么的，他自己其实也不喜欢那份工作，但鉴于生计只能忍受着。再一次阴差阳错地被调往塔尔萨后，他萌生了改行的想法，可此时的他已经30多岁了，进入哪个行业都算是大龄。最终他以"小白"的身份进入了一家广告公司，从无薪水干起，从被小辈嘲笑中艰难起步，一步步凭借努力做到了中层岗位。

人生由每一天、每一小时、每一分钟组成，这些时间概念不只是用来计数的，更是用来感受的。我们应该用自己的实际行动，为自己的人生之路留下值得回忆的片段。

胡适告诉我们：自古成功在尝试。不尝试如何知道行不行呢？

但是，很多人根本就没有尝试过，就提前否定了自己，且否定得十分坚决，在未来漫长的岁月里都不曾想过纠正。试问，这样做是不是有些对不起自己，人生只有一次，只有来路而没有归途，这一世的任何遗憾都只能徒留。所以，为了自己，为了对生命的尊重，我们不应该自我设限，更不该将自己牢牢固定在本就不存在的框框里。

人生总是充满了无限可能，只要走出长久以来的惯性思维方式，就会发现世界远比自己想象得更宽广。走出惯性思维并不难，要多观察周围的人和事，提醒自己该怎么做出改变。分析事物，不要局限于看到的表象，还要深入研究看不见的本质，以及其他可能存在的形式。

扩展自己的过程一定会遭遇阻力，但无论遇到什么困难，都不要想着否定自己，要想办法找出困难产生的原因，才有机会从根本上解决困难。当我们身上成功的潜质得到开发，人生的可能之门将彻底打开。

## 学会创造性思考和解决问题

法国思维学家热内尔·法罗斯说："富有创造性思维的人总是孜孜不倦地汲取知识，使自己学识渊博。从古代史到现代技术，从数学到插花，不精通各种知识就一事无成。因为这些知识随时都可能进行组合，形成新的创意。这种情况可能出现在六分钟之后，也可能在六个月之后，六年之后。但当事人坚信它一定会出现。"

　　我对此完全赞同，知识是形成新创意的素材，知识越丰富，创造性越强。但并非单纯积累知识就能获得创造性和能够发挥创造性，丰富的知识需要与逆向思维结合起来，激发出最容易迸发火花的创造性思维，在此基础上再灵活运用知识，才能达到真正的创造性思考和解决问题的目的。

　　德国发明家约翰内斯·古登堡将毫不相关的两种机械——葡萄压榨机和硬币打制器组合起来，开发出一种新机械。葡萄压榨机可一次性将大量葡萄榨出汁，可在大面积上均等加力；硬币打制器是在金币之类的小平面上打出印花来，可在固定点位施加重力。古登堡在观察了这两种机械的工作过程后，突发奇想："是不是可以在几个硬币打制器上加上葡萄压榨机的压力，使之在纸上打印出印花？"由此发明了包括铸字盒、冲压字模、铸字用的铅合金、印刷机以及印刷油墨在内的一整套铅活字印刷技术。

　　虽然古登堡的发明比起中国宋代毕昇的泥活字印刷术要晚得多，但他最先使用印刷机，成为近代机械化印刷技术的先驱，他的发明在欧洲产生了划时代的影响。

　　具有创造性思考能力的人确实了不起，能够将风马牛不相及的事物结合起来，解决难题和创造时代。

　　很多人觉得自己资质普通，应该不具有创造性思考能力，更不具有以创造性思维解决问题的能力。但是，很多相关研究已经证明，个体是否具有创造性跟客观条件和先天条件的关系并不大，更多是自己主观意识造成的。那些认为"我不具有创造力"的人，会潜意识地自我压制，即便有时已然灵光闪烁，也不会去实践。在此，我们给大家一个建议，一定要留意自己的一些细小想法，哪怕是一闪念的，那或许就是非凡成就的开始。

美国实业家罗兰·布歇内尔堪称创造性思考的大师。在他还是一名普通的公司职员时，就经常搞出一些稀奇古怪的发明。一天，他边看电视边想："光看太没意思了，把电视接收器作为试验对象，看它产生什么反应。"此后不久，他就发明了交互式的乒乓球电子游戏，开启了游戏机的革命。

可见，区分一个人是否拥有创造力的主要根据是：拥有创造力的人会留意自己每一个不经意的想法，因为他们很清楚，大的突破口往往是从小的事件突破的。具备创造性思考能力的人，也一定是逆向思维的强人，因为正向思维会让自己抛弃小事件，反向思维则会让自己留意小事件。

任何人都拥有创造力，请坚信这一点。关键是要经常保持好奇心，不断积累新知识，勇敢探求新思路。一旦产生灵感，相信它的价值，并锲而不舍地把它发展下去。

## 倒过来看世界，一切皆有可能

德国心理学家伦道夫·阿纳勒所说："逆向思维绝不是沿着'原路'返回，而是跳跃到一条新的道路上向反方向前进，从相反的方向抵达同样的目标，或者达到新的目的，或者从相反的方面超越他人。"

我们对相反的一面进行了很多讨论，反过来是逆向思维的精髓。通过一个事物的存在，去预见或预测还没有被人们认识到的与之相反的事物的存在。许多发现就是经过这样的假设、验证后获得的成果。

但逆向思维不只有相反的一面，还有倒过来的一面。也就是说，要培养和应用逆向思维，必须同时培养"倒过来思考"的思维方式。"倒过来思考"的应用范围非常广泛，包括快慢颠倒、正反颠倒、好坏颠倒、动静颠倒、主次颠倒、前后颠倒等。总之，如果你倒过来看世界，它会变得不一样。

1999 年 3 月 1 日，《新民晚报》赫然登出一则标题为《灵机一动，省下亿元——超大型船将倒进宝山港》的消息。介绍了上海港一位高级领航员的金点子：超大型船舶不用掉头而是倒着进港。这个金点子的诞生就得益于"倒过来思考"。

文章说，宝山港因为掉头区域和部分航道太"窄"的限制，使得重载超大型集装箱船卡在港池外面，面临"吃不饱"的窘境。这些进不了宝山港的超大型船舶只能就近去同为上海港务局所属的黄浦江沿线的其他港区停泊卸货，但集装箱装卸的主要港区——张华洪码头和军工路码头的吞吐能力已经饱和，致使货物压港情况十分严重。

为解决这种"有的吃不饱，有的吃不下"的局面，上海市政府多次召开专家会议，征求良策。专家们从工程改扩建的角度分析，都认为解决这一问题的难度极高，花费巨大。当时，以特邀身份参加会议的上海港引航站站长、高级引航员杨锡坤提出了他的解决方案：采用倒航操作法，将超大型集装箱船倒航引入宝山港停靠，一举解决了超大型船体掉头难的问题。这个方案不但能提升宝山港区接纳集装箱班轮的能力，还能免去改建港池的巨大成本。

在后来举行的"宝山港区超大型船舶进出港池可行性研究项目论证会"上，专家组一致认为，倒航可行性研究课题具有创新精神，设想大胆新颖，具有在全国各港口推广的价值。

逆向思维能力超强的人，在遇到问题时，往往不按照常理出牌。当大家一窝蜂地涌向同一个方向的时候，他们能够独辟蹊径，在看似死胡同的地方开出一条新路。当别人觉得没有任何机会，已经走到尽头时，他们能打破所有对思维的禁锢，看见完全不一样的世界。

总而言之，逆向思维要求运用者必须跳出定向思维的线性路径，在逻辑推理出现困难时进行思维折返，完全颠覆之前的思路。

◆

# 第 05 章

# 反惯性

## 头脑风暴让我们的认知觉醒

几乎每个人都具有或重或轻的惯性思维。它隐蔽地渗透于我们的思考中，不易被发觉，又让我们事后颇为烦恼。遇事多问一句"为什么"，多想一次"还有没有更好的办法"，反惯性思维改变我们看待和体验这个世界的方式，让我们的思维框架不再受限制。

## 激发自己无穷的想象力

在思维惯性的引导下，我们容易失去想象力，变得循规蹈矩。这对每个鲜活的生命来说是一场灾难。开启逆向思维模式，首先要学会头脑风暴，激发无穷的想象力，让一切变得皆有可能。

想象力并非天生拥有，而是在成长过程中，随着知识储备的提升，在不断探索过程中由发散思维形成的，是需要后天激发并培养的能力。

法国伟大的资产阶级革命家、政治家拿破仑曾说：想象力统治全球。科学家、物理学家爱因斯坦也说：想象力比知识更加重要，因为我们了解的知识终归是有限的，而想象力却能包含整个世界，还有我们的未来和我们将来能了解的一切。纵观历史，任何一个杰出人物都不会忽视想象力的作用。

剧本《卡里布公主》讲述了一位年轻的英国女郎，靠自己无穷的想象力走上人生巅峰的故事。主人公幻想过她来自很远的一个岛国，为自己编织了一个美丽的"谎言"。她的语言、国旗、民族服装和家世都在她美丽的"幻想"中，她的仪表、姿态无不显示出她的高贵典雅。久而久之，她认为自己一定是位公主，她所在的那个镇子也相信了她，她带给小镇的远不止快乐。她的影响也波及全国，乃至伦敦这座城市的所有人都模仿她的舞蹈、身姿。

所有一切看似一帆风顺，平静却被一个记者打破。有一天，他发现公主口中的这个国家子虚乌有，而她也根本不是什么贵族，只是伦敦一个无人问津的孤儿。在接受记者采访时，她说："当我想到这个公主的时候，我觉得自己真的就是她。"

于是，貌似所有的一切都发生了变化，所有的想法也随之改变。人们都认为她必须成为"公主"，这样才不会让自己失去对生活的信心和希望。后来，那位记者爱上了这位姑娘。他们一同来到美国，而她也真正成了名副其实的公主。所有的一切都成为现实。

这个故事虽然带有虚构的成分，但是充分说明了想象力的重要性。如果主人公按部就班，认为自己本就是一个再也普通不过的平凡人，那么她将在碌碌无为中度过极为平凡的一生。

直至今天，想象力已经成为无数杰出人物不可忽视的重要力量。当人类的聪明才智转换成财富时，心和物也完成了力量的传递。

人生有无限可能，大胆扭转你的思维惯性才能避免墨守成规。如果你想突破眼前的困局，或者完成认知升维，务必开启头脑风暴。大胆想象，从而逆转被动局面。

### ◎思维懒惰会毁掉你的人生

比起身体懒惰，思维懒惰更可怕。一个人失去了想象力，生命会变得灰暗，毫无活力可言。你要让大脑动起来，学会勇敢追梦，别让固有的思维禁锢一切。

### ◎敢于重新想象一切

不怕做不到，只怕想不到。你离"天才"的距离只是差了"想象力"这一法宝。逆转思维惯性，重新想象一切，你的视野会空前宽广，看问题更深刻，从而在工作和生活中变得游刃有余。

◎多看看外面的世界和风景

别沉溺于无效社交，多去外面走走、看看，结识新朋友，并阅读有价值的书籍。眼界宽了，知识面广阔了，你的眼界和思维自然而然就会打开。

## 大胆摆脱"自我束缚"

在世界任何地方，优秀的人都善于突破自我束缚，用逆向思维看待身边的人和事。这种主动破局的智慧，帮助他们完成了认知迭代，从而在更高的维度上精进自我，在人生之路上走得更远。

一个人受家庭、学校、团队等因素影响，形成特定的精神状态；而性格、心理等因素也会影响个体的思维习惯。这一切像无形的手塑造了我们的心智，同时也成为一种束缚，阻碍我们创新、突破。

1920 年，索菲丝出生在美国田纳西州的一个小镇上。因为"私生女"的身份，母亲陪她度过了童年的大部分时光。她没有玩伴，没有童年，不知道亲生父亲是谁，生活带给她的只有无尽的歧视。为此她变得懦弱，渐渐自我封闭。

13 岁那年，一位牧师改变了索菲丝的一生。她喜欢偷偷听牧师在教堂讲经，弱小的心灵被充满智慧的话触动了。"过去不等同于未来。过去成功了，并不代表未来还会成功；过去失败了，也不代表未来就要失败……在我们这个世界上，不会有永恒成功的人，也没有永远失败的人。"这几句话温暖了这个冷冰冰的心灵。

无数次偷听之后，索菲丝仍旧选择"逃离"，多年的质疑和冷眼让她无所适从，她认为自己没有资格听这些话。然而随着时间的推移，索菲丝慢慢沉迷于牧师讲经。有一次，她忘记了时间，直到教堂的钟声敲响才惊醒过来，可是已经来不及抢先"逃离"了。

在涌动的人群中，索菲丝惊慌失措。这时候一只手搭在她的肩膀上，她惊愕地抬头，发现是牧师。"你是谁家的孩子?"微弱的声音却有极强的穿透力，不知所措的索菲丝被牧师温柔的话语感动："噢，我知道了你是上帝的孩子。"

牧师接着说："这里所有的人和你一样，都是上帝的孩子。过去不等同于未来，不论你过去怎么不幸，这都不重要。重要的是你对未来必须充满希望。孩子，人生最重要的不是你从哪里来，而是你要到哪里去。只要你对未来充满希望，你现在就会充满力量。只要你调整心态、明确目标，乐观积极地行动，那么成功就是你的。"

话音刚落，教堂里掌声雷鸣。这一刻，索菲丝醍醐灌顶，感觉身上充满了无穷的力量，对未来充满了希望。

40岁那年，索菲丝成功当选美国田纳西州州长；届满卸任之后，她弃政从商，担任世界500家最大企业之一的公司总裁，成为全球赫赫有名的杰出人物。67岁时，她出版了回忆录《攀越巅峰》，在书的扉页上有这样一句话：过去不等于未来。

索菲丝只是茫茫人海中的一颗尘埃，但是她成功地摆脱了"自我束缚"，主宰了自己的人生。每个人身上都有无数负荷，束缚了心智，禁锢了思想。显然，唯有积极主动挣脱这些羁绊，我们才能发现另一个自我，挖掘我们身上无尽的潜能。

大多数人出生在普通家庭，过着平凡的一生，但是这并不妨碍有梦想的人追求卓越。他们敢于摆脱自我束缚，持续磨炼心智和技能，最终跨越出身和运气，实现了富足的人生。

### ◎认清哪些东西在束缚自己

重新审视自己的人生，认清哪些东西成为桎梏，在阻碍我们进步。认清现实比什么都重要，你可以把它们写下来，或者与人倾诉，准确找到问题的症结所在。

### ◎大胆踢开人生的绊脚石

每天都要学会暗示自己，勇敢踢开人生的绊脚石，无论当时有多么痛。坚持下来，你会发现这样做并不是什么难事；更重要的是，你已经具备了强大的自我纠错能力，拥有了强劲的人生动力。

## 永远相信一切皆有可能

李宁品牌的广告词是这样写的：一切皆有可能。古希腊哲学家苏格拉底曾说：一个人能否有成就，只看他是否具有自尊心和自信心这两个条件。

每个人都不能否认命运变幻莫测，人生的路有很多未知，有很多不可能，但是我们却忽视了非常重要的一点，即我们认为不可能出现的事情或结果，有可能会真实存在或发生。

也许你会说，哪那么容易。人生的路遥不可测，也许你会打退堂鼓，当困难真正来临时，畏惧，害怕，不知所措。但是你又怎么会知道，你怀疑的时刻他人已经到达了成功的彼岸，因为他们相信一切皆有可能，从而战胜了自己，战胜了命运。纵观人类历史长河中，那些名垂千古的伟人又何尝不是如此呢?

《愚公移山》的故事广为流传，主人公愚公不畏艰难，坚持不懈，挖山不止，最终感动天帝，大山终于被挪走。对于愚公，后人对其褒贬不一。有人认为他太笨太傻，偌大的山头竟然痴心妄想，希望将其挪走;也有人认为他是吾辈的楷模，他坚持不懈，持之以恒，将不可能变为可能。相比那些只在嘴皮子上下功夫，光想不干的人来说，至少愚公付出了努力，用汗水和血水谱写了人生的华美篇章。

普通人常常欣羡成功者身上散发出的光环，羡慕无数的鲜花与掌声，但是又何曾看过他们为"可能"所付出的代价和努力。那是熬过了多少日夜、多少春秋，才获得了那张成功的"入场券"。也许从梦想到成功的距离就是从不可能到可能的距离。努力去做，坚持到底，或许就没有不可能了。

江梦南，1992 年出生在湖南省郴州市宜章县的一个普通的瑶族家庭，然而命运却似乎没有眷顾她。半岁时，江梦南由于耳毒性药物导致极重度神经性耳聋，当时江梦南左耳损失大于 105 分贝，右耳听力完全丧失。自此她失去了听力，外界的声音乃至自己的声音她都听不到，这对年幼的她及家庭来说无疑是致命的打击。

是江梦南的父母给了她生活下来的勇气，也是他们让所有的不可能变为可能。父母下定决心教她学习发音和唇语，而不是聋哑人的"手语"。也是因为父母坚持不懈，江梦南越过了人生一道又一道看似不可能的"坎"。为此，她付出了更多的时间和努力。2011 年，她以 615 分的成绩进入吉林大学的本科药学专业学习，还多次获得奖学金。硕士生阶段，她在吉林大学选择了计算机辅助药物设计作为研究方向。她因为自强自立多次被评为"自强之星""自立之星"，2022 年被评为"2021 年感动中国十大人物"。

江梦南感动了"中国"，也感动了自己，让无数人为之喝彩，为之鼓掌。每个人都赞颂江梦南的奇迹人生，更重要的是要学习她敢于拼搏的勇气和毅力，大胆战胜不可能，主宰自己的人生和命运。

### ◎永远相信一切皆有可能

未来的你会感谢现在努力拼搏的自己。我们要首先相信自己有面临挫折和未知的勇气，自信地面对一切，战胜自我。

### ◎付诸实践，战胜"不可能"

只要正确地运用思维方法，肯去拼搏与奋斗，任何阻力在进取心面前都会知"难"而退。你需要沉下心来，付诸实践，制订详细的规划，每天学会总结提升，最终才能战胜"不可能"。

永远相信一切皆有可能，这不是一句空话，而是对自我、对人生的一句承诺。付诸实践，勇敢追梦，才能打破桎梏，奔向成功的彼岸。

## 做一个思维创新的人

所谓思维创新，从本质上来说指的是一种因时因地、知难而进、开拓创新的思维方式。具体来说，要打破固有思维模式的束缚与桎梏，敢于突破自我，迎难而上，方能打败对手。一个敢于创新思维的人，在人生的旅途中敢于思考，敢于超越陈规，也必定是人生的超级赢家。

有一家亚洲皮鞋企业想开发非洲市场，以赚取更多的利润。企业最先派遣甲前往非洲。甲到达非洲之后，看到遍地的人都赤着脚走路，于是立刻打电话告诉上司："当地的人都光着脚，在这里卖鞋绝对不可能。这里的人生下来就不穿鞋，没有什么市场。"于是他便打道回府了。

随后，企业又派遣乙前往非洲，得到同样的结果。最后，企业决定派遣平时善于别出心裁的丙前往非洲。丙来到非洲之后，看到非洲人光脚的景象，并没有觉得毫无市场。相反，他首先做了一个非常翔实的调查研究，除了收集非洲人的脚型特征外，还了解他们的生活习性。在作了充分的准备之后，他把调研信息发回企业，让企业量身定做出适合非洲人穿的鞋子，并提出先做少量的样品寄过来。

之后，丙又策划了一些营销方案，先让当地德高望重的人穿鞋子，然后靠这位人物的影响力打开了非洲市场。试问，如果丙如甲、乙一样，利用惯性思维考虑问题，理所当然地认为当地人不想穿上舒适的鞋子，也不愿意改变多年的传统，那么他前往非洲的"旅途"注定遭遇失败。

纵观历史，古今中外任何一个伟大的人物都一直在探索创新的路上前行。活字印刷术的发明者毕昇，何尝不是如此。他虽然只是徽州一位没有功名的布衣，却用毕生精力钻研，用创新思维开拓传奇的一生。

北宋庆历年间，毕昇意识到传统雕版印刷的诸多不便，潜心研究泥活字印刷技术。在此基础上，他敢于突破前人的成就，发明了在黏土坯上刻字，一字一坯，然后烧硬泥土坯，使印刷工艺得到了质的飞跃。这种技术不但让印刷速度大大加快，错字可以单独更换，可以重复使用活字，实现了人类印刷史上第一次伟大的革命。印刷术后来传到欧洲，引发了欧洲思想领域的重大变革，推动了世界近代史的发展进程。

发明白炽灯泡的爱迪生亦是如此，他敢于突破自我，给人类带来了光明；杂交水稻之父袁隆平培育出籼型杂交水稻，解决了粮食安全问题，他告诉我们只要想做并敢于去做、敢于创新，就没有不可能成功的事情。没有一成不变的事情，只要敢于创新，就能成功。

今天，我们该如何做一个思维创新的人呢？

第一，重新审视自己，寻找根源，克服保守观念，敢于对症下药。

第二，大胆行动，不能只停留在每天喊的口号中，而要落实在日常行动上。

第三，学会读书，学会实践。坚持科学的态度，摆脱一切不合时宜的思想观念的束缚，大胆尝试和探索，不断开拓进取。

丢弃"不可行""办不到""没有用""那很愚蠢"等落伍的念头，做一个思维创新的人，我们的人生会发生翻天覆地的变化。正如一位深耕保险业多年的业务员所说："我并不想把自己装得精明干练，但我却是保险业中最好的一块海绵。我尽自己所能去吸取所有良好的创意。"

## 遇事善于出奇制胜

如何从众多佼佼者中脱颖而出，拔得头筹？《孙子兵法》有云："凡战者，以正合，以奇胜。"这句话告诉我们，两军作战，应出奇制胜。一个善于出奇制胜的人，每做一件事情都令人出乎意料，又能在最大程度上发挥自我的优势，令敌人防不胜防。

战争是谋略的较量，要求指挥者出奇制胜，虚实结合，让敌人不能洞悉我军的行踪和作战意图。这样，我方就可以牵着敌人的鼻子，为所欲为了。1935年，红军四渡赤水，出奇兵摆脱国民党军队的追击，成为战争史上的经典案例。

1935年1月上旬，中央红军长征到达贵州遵义地区。蒋介石为阻止我军北进四川或东出湖南同其他部队会合，调集兵力向遵义逼近。为打破敌人"围剿"计划，争取主动，中央军委决定北渡长江。

第一阶段：

1 月 19 日，中央红军从遵义等地区出发，向川黔边的土城、赤水开进，在打败黔军敌军后，于 29 日一渡赤水河，准备渡过长江。

第二阶段：

这时敌人调兵分进合击，为了保存有生力量，中央军委决定停止向川北发展。于是我军回师东进，于 2 月 18 日至 21 日在太平渡、二郎滩二渡赤水河，攻占娄山关。

第三阶段：

在遵义战役中失败后，蒋介石采取南守北攻的战略，企图歼灭我军于遵义、鸭溪地区，我军将计就计，故意在遵义地区徘徊，当敌军重新逼近时，又转兵西进，于 3 月 16 日经茅台三渡赤水河，再入川南摆出北渡长江的姿态，把敌人主力引向赤水河以西地区。

第四阶段：

正当敌人调动之际，我军又立即回师东进，重返贵州，于 3 月 21 日至 22 日，在二郎滩、太平渡之间四渡赤水河，把敌人的重兵甩在赤水河西岸，向贵阳方向挺进。

最终，中央红军经过重重艰险摆脱了几十万敌军的围追堵截，实现了渡江北上的战略意图。四渡赤水是运动战的典范，毛泽东根据情况的变化，指挥中央红军巧妙地穿插于国民党军重兵集团之间，灵活地变换作战方向，调动和迷惑敌人，创造战机歼灭敌军，牢牢地掌握战场的主动权。整个过程中，红军仔细谋划，时刻把握敌人的活动规律，并根据敌情变化而灵活运用战术，堪称用兵如神的典范。

同样，在现实的工作和生活中，如果我们能够打破固有思维，标新立异，运用逆向思维出奇招，也往往能够出奇制胜。

如何脱颖而出，是每个人都梦寐以求的事情。那么，如何让自己拥有标新立异、敢于出奇制胜的勇气和智谋呢？

◎有审时度势的勇气和计划

你要学会看清楚自己身上的弱势，做到扬长避短。然后审时度势，将自己的优势都集中运用到关键点上，进行破局。

◎反向突围，寻找突破口

学会寻找突破口，在他人意想不到的地方突围。不要一味地盯在固定模式上，试着从其反向出发，你会收到意想不到的效果。

◎立即行动，抓住时机果断出手

在保证标新立异之时，一旦想好了要立刻行动，防止错失良机。许多时候，宝贵的时机稍纵即逝，如果做事优柔寡断，即便胸有良策也无法大有作为，最终望洋兴叹。


## 培养多元化思维模型


你有怎样的思想，就有怎样的人生。海尔集团首席执行官张瑞敏曾经说过："做到实事求是，有两点很重要。其一是能不能实事求是，即思维方式的改变问题；其二是敢不敢实事求是，即思想境界的提高问题。"这句话告诉我们，思维对一个人的影响至关重要。今天，决定人与人之间差距的就是思维方式。

一位商人来到莎尔小镇，开了一个加油站，生意非常红火。第二位商人来到小镇，开了第二个加油站。第三位、第四位商人也紧随其后采取行动，结果因为竞争激烈，加油站的生意越来越惨淡。

与莎尔小镇相反，一位商人来到莱洛小镇，开了一个加油站，生意特别好。第二位商人看到很多人加油的时候多出来空闲时间，便开了一家超市。第三位商人看到此地缺少餐厅，而且人流量大，于是开了一家饭店。之后，这个地方人流络绎不绝，非常繁华。

人的大脑拥有巨大潜能，我们要进行多元化思考，别在一个密闭空间里考虑问题。在直线式的思考惯性作用下，我们用单一的方式解决问题，结果处处受限。实践表明，单一思维模式解决问题的效果并不理想，而发散性的多元化思维则会给我们带来意想不到的收获。

一位知名的商业奇才受邀到电视台做嘉宾主持，讲述他的成功之道，给那些处在创业中的茫然的年轻人一些启发。节目一开始，他给台下的观众出了一道题："某地发现了一处金矿，众人争相去开采，但是不料被一条大河挡住了必经之路。如果是你，你会如何做？"

有人说："如果不怕浪费时间，绕道走吧。"有人说："不如带上救生圈游过去吧。"有人说："找几块木头，搭桥过河。"当大家讨论完之后，他说道："为什么我们非要去淘金呢？何不买一条船帮人们渡河，在这里收费呢？"在场的所有人都恍然大悟。

接着，这位商业奇才说："对面就是金矿，过河的人即便身无分文，也会千方百计筹到过河的钱，这个生意简直就是天上掉馅饼。"他告诉在场的观众，培养多元思维，通过逆向视角思考问题，能轻松地化解眼前的困难。

查理·芒格是股神沃伦·巴菲特的合伙人，他们联手创造了有史以来最优秀的投资公司——伯克希尔·哈撒韦公司。芒格经常说："在手里拿着铁锤的人看来，世界就像一颗钉子；拿铁锤的人就如同盲人摸象，由于认知局限，看待问题也偏离真相。而这种单一化的思维可能会扭曲事实，甚至导致投资失败。"

其实，做任何一件事情，都应该从多个维度去思考，而不是偏执地拿着一把铁锤，满世界找钉子。身为普通人，如何培养多元化思维呢？

### ◎终身学习，尤其是坚持跨学科学习

无论是求学期间，还是参加工作以后，我们要始终坚持学习，学会涉猎天下一切知识。不要只学习你所学的专业，要做到跨学科学习。

### ◎让阅读成为一种优秀的习惯

始终保持阅读的习惯，无论你多么忙。活到老，学到老，不要把大量时间浪费在娱乐和其他无意义的事情上。

### ◎研究行业精英的成功心法

关注那些行业精英的成功方法，多看看成功人士的例子，汲取经验，发现自己的不足，大胆借鉴别人的成功经验，规避其教训。

◆

# 第 06 章

# 反依赖

## 学会独立思考才能拥有非凡的远见

---

　　当你以依赖性思考模式看待世界，真理和谬误就是混沌的。没有分辨是非对错的能力，不靠逻辑鉴别信息真伪，那么人生处处都是坑。反依赖，才能拥有独立的人格，在自由思想的基础上变得优秀，真正地成为你自己。

---

## 经验成为本能时，就是心智枷锁

有一个著名的实验。

科学家将六只蜜蜂和六只苍蝇分别装进两个一模一样的玻璃瓶中，然后将两只瓶子平放，让瓶底朝着窗户，两只瓶子都是敞口的。蜜蜂不停地想在瓶底找到出口，一直到力竭倒毙。苍蝇则在不到两分钟的时间内，全部从另一端的瓶口逃逸了。

是苍蝇比蜜蜂聪明吗？不是，它们都是昆虫，智商方面没有差别。原因在于它们祖传的生存方式不同。蜜蜂喜光，在它们的思维里，有光亮的地方就是出口。苍蝇不分明暗，四下乱飞，有一只误打误撞飞出瓶子，其余的很快就跟着飞出了。

大自然中，蜜蜂和苍蝇都得以传承到今天，说明它们的生存方式都足够过硬，它们所依赖的经验传承也是正确的。可以说，经验已经成为它们的生存本能。但是，在特殊的情况下，成功的经验却成了致命的枷锁。

与动物一样，人类也有传承经验的习惯。必须承认，经验对人类的生存繁衍至关重要，帮助我们少走弯路，提高效率。但是，任何事情都有两面性，经验也不例外。它可能是最好的帮手，帮助我们以最快的速度达到新高度；它也可能成为最顽固的敌人，会僵化和凝固我们的思维。

囿于经验而不知变通的人，往往陷入经验编织的陷阱难以自拔；

善用经验并能加以创新的人，不会被经验的框框所限而更容易有所作为。两者的根本区别在于是否具备独立思考能力，依赖经验的人思维方式无法独立，面对事物不会有个人见解，面对难题也难以找到更好的解决方法；不依赖经验的人思维方式更加独立，面对事物常有非凡的远见，面对难题也常有突破性方法。正因为存在如此巨大的思维差异，我们必须保持警惕，不能让经验成为自己的本能，更不能让经验成为阻碍我们心智成长的枷锁。

只靠经验，就一定会被经验束缚，打破经验才能走出经验的监牢。任何走出经验框梏的方法都需要建立在逆向思维之上，运用"逆"的思维去对抗"正"的经验，用"逆"的做法去修正"正"的错误，才能彻底摆脱经验本能。下面介绍两种以逆向思维为基础的方法。

## ◎部分经验迁移

在需要解决的新问题与已经解决的旧问题之间寻找类似的方面，看看以往的经验对当下的问题有哪些帮助，部分借鉴过来，就是"经验迁移"。一定要记住是部分借鉴，而不是全盘照搬，否则就叫"经验照搬"了。

在人际交往中有句话叫"彼之蜜糖，我之砒霜"，借鉴解决问题的方法也同样适用。能完美解决 A 问题的方法，对类似的 B 问题就不会那么契合。因此，不能只看到问题的相似性，就认为解决问题的方法也必然具有相似性，必须懂得运用逆向思维从相似中找出关键不同，再从实际问题出发，调整以前的经验，重新找到解决问题的办法。

### ◎培养联想能力

任何时候都迷信经验的人，其联想能力通常很弱。因为相信经验就等于相信"唯一的正确答案"，而排斥了其他可能性。因此，从某种角度说，正是"正确答案"蚕食着我们的联想能力。

联想是思维的深层次活动，具有很强的灵活性。不受现有条件的束缚，才能跨越知识和经验思维的羁绊，才能从多角度、以新形式找寻解决问题的办法。联想能力是形成逆向思维的重要因素，它能给思维插上逆风飞翔的翅膀，达到全新的高度。

## 反向思考，问题就是你的机会

"缺陷就是商机"由甲骨文公司创始人拉里·埃里森首先提出，彼时立即引来反对之声。因为，在传统思维中，缺陷就是存在问题，在商业领域就意味着风险，无论如何与商机沾不上边。

但是，之所以提出这样惊世骇俗的论点，是因为埃里森亲身实践过。他历来相信好事和坏事并非一成不变的，今天的问题或许就是明天的机会。但能否从黑暗中发现光明，需要我们用逆向思维代替常规思维。只有逆转思维，才能看到缺陷背后隐藏着的巨大机会。

埃里森年轻时在硅谷一家生产影像设备的公司供职，在那里他发现了软件行业中新兴的关系数据库，但那时的业内人士都认为关系数据库不会有商业价值，因为速度太慢无法满足处理大规模数据或者大量用户存取数据的需求。

但是，埃里森却从关系数据库的最大缺陷里看到了商机，如果能把速度提上来，市场自然就出现了。他果断辞了职，和鲍勃·迈纳、爱德华·奥茨筹集到 1200 美元的创业资金，共同创办了甲骨文公司，开发 Oracle 数据库。几个月后，能够达到市场运营速度需求的 Oracle 数据库问世了，一下子占据了数据库市场，甲骨文公司更是连续 12 年销售额每年翻一番。

当埃里森将自己的创业经历和"缺陷就是商机"结合起来后，人们很快接受了这个观点，霎时间"缺陷"成了美妙的词语，很多人从埋头苦干变成了埋头寻找"缺陷"。

正如对"缺陷"一词的多角度思考一样，理解"问题就是你的机会"，同样需要我们逆转思维，从相反的方向进行思考。问题从正面的角度看，就只能理解为存在问题，但从相反的角度看，问题往往和机会挂钩，解决了问题，机会自然就出现了。

其实，很多问题远没有想象中那么难解决，只是我们自己陷入了惯性思维中而已。问题是死的，但人的思维是活的，将问题打造成为稀缺品，机会自然出现。

解决商业中的问题可以反向思考，解决个人的问题同样也可以反向思考。学会运用逆向思维，善于逆势而动，别让惯性思维阻碍我们行动的脚步。

## 别把传闻当作科学的证据

朋友的父亲几年前查出癌症晚期，化疗失败后，就等于别无选择了。一天，他父亲在杂志上看到一则关于癌症替代疗法的广告，声称这种疗法取得了奇迹般的效果，直白的解释就是已经攻克了癌症。当父亲征求朋友的意见时，朋友很为难，因为无须对这则广告做调查研究，就知道一定是不靠谱的，广告上列出的支持性证据也不过是一些奇闻逸事。

但要怎样跟父亲解释呢？病急乱投医时，很容易将传闻当作真实的。后来朋友还是带父亲去了广告上所说的"医院"，条件简陋，地点偏僻，且费用高昂。最后还是父亲自己冷静了下来，对朋友说："根据我所看到的一切，我觉得这个疗法是行不通的。"父子二人回家后几个月，父亲就去世了。

这是一个悲凉的故事，生老病死每个人都不能避免，却又在极力避免着。但是，人终究还是要冷静看待人生七苦八难，就像这位父亲最终选择接受现实，而不是被传闻控制选择那个毫无前景的选项。

当人们相信传闻时，都是在用内部视角看问题，就是以局内人的身份陷在事情之中去看事情，妄想用最简单的方法去解决最复杂的问题。当人们不被传闻迷惑时，就是在用外部视角看问题，即以局外人的身份跳出事情去看事情，不去迷恋"安慰剂"产生的所谓效果。是什么让一个人从局内跳到局外呢？是思维，是从正向思维升级为逆向思维。

例如，顺着那则广告想下去，就会自然相信广告所传递的信息；而逆着那则广告思考，则会想到：这么厉害的疗法为什么没被普及，还需要做广告宣传？简单的疑问，就将广告的本质暴露了出来。因此，当正向思维总是牵着我们徘徊于事情之中时，就到了采用逆向思维之时了。

在生活和工作中，最容易相信传闻的时候，就是养生治病和理财投资的时候。试想一下，我们自己是不是也相信过一些明显没有科学根据的传闻呢？例如：睡觉时手机放枕头边容易得脑瘤，吃加碘盐可以抵御核辐射……在信息爆炸的时代，足以乱真的谣言比比皆是，稍不留意就会被伪科普蒙蔽头脑，智商惨遭下线。

都说"谣言止于智者"，那么智者靠什么来识别谣言呢？答案是思考，具体说就是独立思考和逆向思维的双重作用。独立思考能让人快速脱离传闻的诱惑，以更完整、更系统、更有深度的思考将传闻的不实之处找出来。例如，盐里加的碘是生物物质，而核辐射是化学产物，怎么可能有抵御效力呢。

逆向思维能让人快速斩断传闻的吸引力，从传闻所传递出信息的反面思考问题的本质。例如，如果加碘就能预防核辐射，那么"如何应对核辐射"这个世界性难题就解开了，为什么不见各国推广呢？这显然是不真实的。

## 成功不是做了大事，而是没犯大错

一只蜻蜓飞累了，停在草丛中的树枝上休息。阳光晒着它的身体，很是惬意。咦！它发现不远处潜伏着一只蜥蜴。虽然蜥蜴是天敌，但也不能遇到就立即逃走，蜻蜓有自己的安全距离。于是，它一边防备着蜥蜴，一边享受着日光浴。

蜥蜴则谨慎地缓慢靠近，一点一点地挪动着身体。逐渐地，蜥蜴已经来到了安全距离的临界点，再向前挪一点就在攻击范围内了。蜻蜓也发现了，但一直以来100%的逃生概率让它非常自信，认为再近一些自己也可以成功逃脱，它仍未行动。突然，蜥蜴发动了攻击，蜻蜓同时振翅起飞，但就在它认为可以逃出生天时，身体被黏液裹住了，那是蜥蜴的长舌头，蜻蜓知道自己没有生路了。

蜻蜓为什么会丢掉性命？是警惕性不够高，还是反应不够快，或是起飞速度慢？都不是，究其原因是蜻蜓大意了，没把天敌当回事。对于这种生死攸关的情况，只有百分之百成功与百分之百失败两种结果。虽然蜻蜓之前每一次都逃脱成功了，但这一次犯下了轻敌的大错，一次失败就葬送了之前所有的成功。

成功和失败是一对矛盾，却也是相互离不开。想要获得成功，中途必然经过失败，只有战胜失败，才能获得成功。但在常规思维模式看来，成功就是要远离失败，甚至不能有丁点失败，才能顺理成章地收获成功。这是非常错误的观点，错误常常是正确的先导。

我国著名科学家钱学森曾说："正确的结果是从大量错误中得出来的，没有大量错误做台阶，也就登不上最后正确结果的高座。"

因此，逆向思维模式将成功和失败看成一个整体，两者表现相反，实质却相互作用。那么，大成功和大失败之间是不是也存在相互作用的关系呢？答案是否定的。想要获得大成功，就要避免大失败。因为小的失败可供自己积累经验，大的失败却能彻底击垮成功的根基。

常规思维看待问题总是缺乏认知的深度和广度，会莫名地出现"无意识的极端"。例如，既然失败是成功之母，那么多经历失败或者经历大的失败，是不是对走向成功更有帮助？科学领域提倡的大量失败是因为失败无法避免，只能不断经历、不断总结经验，最后才能得到正确结果。但在很多情况下，失败是可以通过提前预防、深入分析、经验积累等方式去避免的，只吃必须要吃的亏，只经历无法避免的失败，才是让自己走在成功道路上的正确做法。

避免犯致命的大错误，可以借助下面两种方法。

◎决策执行前先检验，考虑更多可能

相对于人们熟悉的事后分析，即在知道结果后对决策进行分析，事前检验更加重要。事前检验由心理学家加里·克莱因提出，目的是让人们在作决策之前，想办法找出决策可能导致糟糕结果的原因，或者决策可能出现的其他难以控制的可能。通过追踪个人或团体的事前检验，观察失败的可能原因，揭示问题的早期迹象。

### ◎了解未知的事情，考虑最坏的结果

沃伦·巴菲特说过：几乎所有的意外都令人不快。在多数的日常性决策中，因果关系都是清楚的，做了 X，就会得到 Y，进而引出 Z。但当决策涉及具有许多相互作用的部分时，因果关系就不是很清楚了。

因此，考虑最坏的情况变得至关重要，但在顺利的情况下却往往容易被忽视。考虑最坏的结果还可能会出现心理上的不可接受，毕竟谁都不愿意给自己的事情设定一个坏的结果。但不可接受也要强制自己的接受，只有先行预料到最坏的结果，才可能在实际执行中提前预知并预防最坏的结果。

## 大胆走出自己的思维舒适区

我们在上学考试时都会遇到以下情况。选择题的提问是：以下答案正确的是？十几道题都是这样，冷不丁地有一题这样提问：以下答案不正确的是？很多同学就会错在这个"不"字上。显然，这是出题人利用惯性思维给我们设的一个陷阱。其实，惯性思维、固化思维、定势思维、常态思维、单向思维加上经验主义，本质都属于思维舒适区。

很多人的生活状态并非自己努力创造的，而是延续了长期以来随心所欲的习惯，形成了思维和行为的双重舒适区。其中的大多数人都知道自己的一些想法和做法是不对的，对身体健康、心智发展

和未来走向有严重的不利影响，如工作糊弄、不爱学习、贪小便宜、沉迷娱乐等，但就是改不了。

思维舒适区是人们习惯的一些心理模式，是自己感到熟悉、驾轻就熟时的心理状态，如果自己的行为超出了这些模式，就会感到不安全、焦虑，甚至恐惧。生活中当我们面对新工作、接受新挑战时，内心会从原本熟悉、舒适的区域，进入到紧张、担忧的压力区。

拒绝改变，就是害怕离开自己熟悉的舒适区，这是一种逃避心理。在舒适区待着，会享受风和日丽，但那是暂时的。人世间更多的是风雨，平时不作遮风避雨的准备，到暴风雨来临的时候，就只能任凭风吹雨打。因此，我们强烈建议，一定要走出自己的思维舒适区，主动扩大舒适区的范围，以迎接随时可能到来的人生考验。

## ◎通过设定目标扩展舒适区

无论我们如何思考未来，是常规思考还是逆向思考，若没有目标，都意味着一直在原地踏步。所以，我们需要目标，让目标牵引我们不断前行。当然，前提是设定目标后，要严格执行，将目标一步步变为现实。

设定了目标，就意味着要挑战原有的能力结构、资源范围、智力水平和知识水平，也就是说要离开原有的舒适区，构建新的舒适区。虽然离开了舒适区会感到不舒服，但若是达到了新的目标，就会有关键的变化——舒适区被扩大了。

生活一直在经历变化，没有永恒的避风港，我们能依靠的只有不断提高自己适应变化的能力。告诉自己：虽然害怕，仍然要去做；

虽然尴尬，仍然会去做；虽然不会，仍然得去做。

### ◎走少有人走的路，探索思维未知区

有一幅漫画：同一条大路上分出了两条岔路，一条岔路上有很多人，而另一条岔路上只有一个人。如果你用常规思维看这幅画，一定会说："人多的那条路虽然拥挤了一点，但很安全。"如果你用逆向思维看这幅画，则会说："一个人走一条路，真的太爽了，美景全都属于我。"

两种思维对应着两种观点，也映衬了人们选择人生道路的两种观点。常规观点认为，走别人都走的路，这样会比较容易，也有安全感；非常规观点认为，走自己想走的路，哪怕是孤独的，但最终能到达的是自己希望到的地方。

两种观点的支持者数量，明显前者多于后者。现实中以常规思维思考的人要占据多数，因此选择走人多的那条路也是多数人的选择。

选择一条容易走的路，看起来是聪明的选择，成功地为自己避开了不少艰辛和挑战，但同时也为自己避开了登上巅峰的机会。看看那些令人敬仰的成功者，哪个不是孤独的前行者。希腊船王亚里士多德·苏格拉底·奥纳西斯说："成功的鲜花总是开在难走的路上。"

## 从现在开始，不再迷信"成功导师"

"成功导师"，顾名思义就是带领人们走向成功的引路者。首先，

他必须由一个已经成功的人来担当。一些书籍在青年人群中总会成为畅销品，他们愿意和一些所谓的"成功导师"交流。

然而，成功是不可复制的。因此，"成功导师"的每一个学员不可能全部成功。喝了鸡汤、打了鸡血确实能让人亢奋，但是鸡汤宜小酌，喝多了伤身体。因为"鸡汤"不是药，不能治病，只是起到缓解病痛的作用。

此外，喝鸡汤会让人上瘾，你以为自己远离了病痛和烦恼，然而问题没有消失，你依旧是你。实践证明，成长必须通过贴身肉搏、亲身经历来完成，是看多少书、喝多少鸡汤、听多少大师的演讲换不来的。那些经历过的伤痛、遭遇过的境遇，会让你真正脱胎换骨，成为一个有血有肉、不断强大的个体。

1906 年，戴尔·卡耐基以一篇《童年的记忆》为题的演说，获得了人生第一个演说奖项。时至今日，这份讲稿仍然保存在瓦伦斯堡州立师范学院的校志里。这次获胜，对卡耐基产生了非同小可的影响。

后来，卡耐基在回忆中自豪地说："我虽然经历了 12 次失败，但最后终于赢得了辩论比赛。更为激励人心的是，我训练出来的男学生赢了公众演说赛，女学生也获得了朗读比赛的冠军。从那一天起，我就知道自己该走怎样的路了……"

1908 年，卡耐基仍旧很贫穷，但与两年前进入师范学院时已有天壤之别了。他成了全院的风云人物，在各种场合的演讲赛中大出风头。

　　一些落魄的人通常是"成功导师"的忠实食客。之所以称之为"食客",是因为他们没有自律、没有自信、没有自我,只是在感觉痛苦时找来一碗"鸡汤"暖暖肠胃。那些不断给别人捧出鸡汤的"成功导师",他们自己成功了吗?稍微反转下思维就能想得明白:他们是否成功要看食客的忠诚度,因为他们都在指望着"薅别人的羊毛"实现自己的梦想。

　　说了这么多,你应该对"成功导师"有了更深的认知,这个世界上有的东西可以通过教授传承,有的东西无法通过教授传承。成功学就是教不了也授不出的东西。沃伦·巴菲特曾评价比尔·盖茨说:"如果他卖的不是软件而是汉堡,他也会成为世界汉堡大王。"言下之意,并不是微软的成功成就了盖茨,而是盖茨的商业天赋成就了微软。每个人的成功都有特定的外界环境和内部因素,其他人都不可能复制,最多只是借鉴。

　　有些成长可以通过总结前人经验获得,但有些成长必须通过亲身肉搏、切身经历才能得到。那些经历过的伤痛,遭遇过的困难,绝境下的逆袭,都能催人不断成长。这个成长的过程将无情地锤炼你的思维、认知、能力和承受力,使你不再矫情,不再辩解,不再彷徨,不再胆怯。

## 摒弃那些拖我们后腿的成见

　　成见是指对人或事物所持有的固定不变的、不好的看法。成见的产生受思维个体的某种价值观的影响，一旦形成，将很难扭转，导致认知僵化，形成对人或事物的偏见。带着成见看人或看事，一定存在先入为主的观点误导，导致判断出现偏差。

人们之所以习惯于用成见看待人和事，是因为直接调用已经形成的成见是件简单的事情。正因如此，我们对事物的认知会严重受成见的影响和制约。长期相信成见会抹杀人的理性分析能力，长期相信成见将摧毁人的独立思考能力，长期相信成见可以让人沉溺在肤浅的感性认识中无法自拔。

电影《哪吒之魔童降世》中讲道，由于坏人暗中调换，哪吒从原本的灵珠转世变成了魔丸转世，自出生以来，就遭受着陈塘关百姓的歧视、排斥和敌对。每次他从家里偷偷溜出去玩，百姓们都像见了鬼一样四散奔逃。父母因终日斩妖除魔，也无暇陪哪吒，哪吒的性格愈发孤僻、叛逆和乖张。但其实，在这个不屑于世人的外表之下，哪吒是一个重情重义的人，他本性善良，渴望亲情、友情，更渴望得到他人的认可。无奈陈塘关的百姓们只看到了表象，始终认为哪吒是大魔王，即便救了他们的孩子，他们心中对哪吒的成见也早已像是一座大山，搬不动，移不走。

"你是什么人由你自己决定。"电影《哪吒之魔童降世》传递给我们一个很重要的价值观——我们应该放下内心的成见，学会用全新的角度审视他人。

但是，有些成见是我们生而为人所根深蒂固的，从懵懂之时就被灌输进大脑。这就要求我们为对抗成见而斗争，多从事物的不同侧面去思考和分析，发现事物的不同方面，综合起来形成对事物更加全面、深刻的认知。

为什么一定要摒弃成见呢？因为这不只是对他人负责，更是对自己负责。如果我们带着成见与他人打交道，就势必因为成见而让我们对他人产生不正确的认知，导致我们被成见拖住后腿无法走想走的路。

曹操因为张松相貌丑陋，将其乱棒赶走，失去了进入西川的大好机会；诸葛亮因为对魏延"天生反骨"的成见，逼反了蜀中不多的可以独当一面的大将；关羽因为对吴下阿蒙的偏见，导致被吕蒙白衣渡江丢了荆州……仅仅是一部《三国演义》中就可以举出很多被成见拖后腿的例子，别说上下 5000 年、茫茫世界史了。可见，对他人持有成见是人类常犯的错误，正因为太过常见，负面影响又很大，才必须要改正。

如果深究原因，成见是思维朝着固化方向聚拢的结果。这种固定思维具有一种无形的引力，成为人们认知设定的规则，然后这些认知设定的规则再把自我套住，让人失去了辨识的能力。

当对一件事的认知陷入成见中时，我们要主动打开思维，正向思维不行就进行逆向思维，常规思维不行就采用非常规思维，总之要把自己从成见的陷阱中解脱出来。没有成见，才能获得真见。

◆

# 第 07 章

# 反消极

## 悲观者永远正确，乐观者总是在进步

人生最大的战役，不是和别人对抗，而是和自己的懒惰与怯懦作战。不要碰到一点挫折，就失望沮丧，从此一蹶不振。人这一辈子，该走的弯路、该吃的苦、该撞的南墙，一样都少不了。坚强挺住，跨越低谷，终会迎来诗与远方。

## 改变消极的思维模式

神经生物学家安东尼奥·达马西奥（Antonio Damasio）提出，所谓的情感状态，实际上主要是大脑构建出来，用以诠释身体反应的"故事"。也就是说，大脑对环境的评估结果，决定了被激发的情绪是什么。

因此，改变对特定事物的看法，就能够改变与之相对应的情绪。因自觉占理而向友人暴发的愤怒，也可能在反思之后转为愧疚；曾让你既悲且恨的初恋，会在大脑评估为"释怀"后变得不再负面。

面对糟糕的状况以及危机情况，人们难免产生焦虑、担心和恐惧等负面情绪。眼前的情景已经很窘迫了，如果再增添这么多负面因素，无疑是雪上加霜。

你去医院看病，会希望医生对你的病情流露出过分担忧、焦虑等负面情绪吗？当然不会，因为这不会帮助医生积极救治病人，反而会影响其医学水平的发挥。实际上，病人都希望从医生那里看到自信、乐观的微笑，从而对医治效果充满希望。

许多人在消极思维模式的影响下，满眼都是糟糕的事情正在发生。是时候转换思维方式了，生活不需要痛苦、悲观和担忧，它们会让局面变得更糟。当危机、冲突和忧虑突然降临的时候，你需要用爱心、怜悯、接纳和理解去应对，寻找解决问题的正确方法。

本·佛森失去了双腿，但这并没有影响他活出自我，演绎出精彩的人生。从失败中获益，一切都源于积极的思维模式。

有一天，本·佛森到山上砍伐木材，车装满以后便返回。车急转弯的时候，忽然有一根木头滑下来，卡住了车轴。本·佛森立即被甩到旁边的一棵树上，伤到了脊椎骨，双腿从此瘫痪了。

当时，本·佛森年仅 24 岁，正值青春年少。就这样在轮椅上度过一辈子吗？他不甘心。一开始，本·佛森极度怨恨命运的捉弄，但是他很快意识到，这对自己毫无帮助。

于是，经历了一段时间的彷徨和怨恨之后，本·佛森找到了属于自己的全新人生。他开始认真读书，并对文学产生了兴趣。这让他开阔了眼界，也丰富了人生。闲暇之余，他还学会了欣赏美妙的音乐，一个人的时候听着美妙的曲子，再也不会感觉孤单。

当然，最重大的转变是他开始认真思考人生。静下心来认真观察这个世界，终于悟到以往那些无聊的琐事毫无价值，把时间和精力花在有意义的事情上才不虚此生。

广泛阅读之后，本·佛森逐渐对政治产生了兴趣。此后，他花费大量时间研究公众问题，并尝试着坐在轮椅上演讲。于是，他认识到更多优秀的人，并被大家关注。后来，他凭借才干担任佐治亚州州秘书长一职。

在命运的捉弄下，许多人再也没有抬起头。然而，本·佛森改变消极的思维模式，用积极的心态迎接新生活，开创了另一种成功人生。他曾说过，"别人和善礼貌地待我，我也应该和善礼貌地回应对方"。

卡尔博士说："世界上有两种人，一种人认为自己是应得报酬与应受惩罚的依据，另一种人认为报酬和惩罚是诸如运气、天气和他人等外部因素带来的。通常，前一种人更乐观，心理能量更强，更有可能通过积极行动改善糟糕的现状。"

陷入困境的时候，你要相信自己能掌握个人命运，能够解决问题并突破困境，积极的思维模式会引导你夺取胜利。如果一番努力之后你仅仅得到了一个酸柠檬，那就把它榨成柠檬汁吧，明智的人永远不会消极地思考问题。

经验表明，流露出负面情绪会将你与周围的负能量联系起来。比如，过分担忧会吸引那些你不想要的东西。难怪有人说，担心什么就会得到什么。如果你想保持积极乐观的情绪，首先要改变消极的思维模式。做不到这一点，任何人都无法帮你从不良情绪中解脱出来。

## 错在把简单的事情复杂化

生活中有许多烦心事，令人应接不暇。许多人因此陷入紧张、焦虑的状态，身心疲惫。不过，有些烦恼是自找的，而问题的根源是你想得太多，结果把简单的事情复杂化。

看待周围的人和事，不要抱着复杂的心态，而应学会简单思考，获得正确的认识。简单是一种智慧的境界和心态，避免把简单的事情复杂化才能寻求突破，找到解决问题的良策。而面对困难和挑战，简单化思考可以让你充满勇气，让内心变得更强大。

为了应对日益增多的客流，圣地亚哥的艾尔·柯齐酒店准备增加几部电梯。工程师、建筑师坐到一起商量对策，决定在每层楼的地面上打一个洞，并在地下室安装马达。

但是，这种方案会导致酒店内尘土飞扬，引起客人不满，从而影响到酒店的声誉和服务质量。酒店负责人与工程专家在楼道里商讨对策，争得面红耳赤，一时间情绪激昂。

正在旁边扫地的清洁工听到争论，走过来说："在每个楼层钻洞的确不是好办法，不但现场会变得一团糟，而且尘土清扫起来很麻烦。"

工程师转过身，对清洁工说："那怎么办，难道关闭酒店再施工吗？"听到这里，酒店负责人急忙说："坚决不行，如果这么做会让顾客误认为酒店倒闭了，生意肯定会一落千丈。"

看到大家急切的样子，清洁工说："我有一个好方法，既能按时把电梯装好，还能省去不少麻烦。"工程师和酒店负责人不约而同地投来期待的目光，清洁工接着说："把电梯装在酒店外面。"

听到这里，工程师与酒店负责人面面相觑，不禁为这个绝妙的点子叫好。这就是近代建筑史上的第一部室外电梯，它开启了一次施工革命。

这个世界原本是简单的，但是习惯把问题复杂化会让我们失去正确思考的能力，并因无法从中解脱而变得情绪失控。一味地把事情复杂化，不惜钻牛角尖，最后一定没有退路。

一个人不能用简单的方式思考问题，那会让心灵背上沉重的负荷，就像一辆负重过度的汽车，需要耗费更多的能量才能前进。

为此，请尝试着作出改变，学会简单思考问题，不再为身边的小事抓狂。如果让你区分水和酒，不必费尽周折去猜测，只要上前闻一闻就知道答案了。一个人想轻松应对这个世界，首先要有一颗简单的心灵，学会简单思考。

### ◎学会正常沟通，准确掌握事情的来龙去脉

许多人把简单的事情复杂化，一个重要原因是不善于沟通，结果无法掌握真实有效的信息，最后因错误的决策导致无法收拾局面。

### ◎学会勇敢面对，大胆接受眼前的挑战

无法面对既成的事实，选择逃避和放弃，必然无法正常思考，从而离正确的轨道越来越远。

### ◎学会理性接受，不做情绪化的奴隶

遇到麻烦事，有些人无法接受，会变得情绪失控。失去了理性思考能力，自然会把简单的事情复杂化，导致无法收场。

别想太多，真的没什么用。生活中有各种麻烦和磨难，每个人都要学会理性面对，过简单的日子。相信自己有能力应对挑战，相信有更好的事情等着自己，就不会杞人忧天了。


## 勇敢打开虚掩的大门


哈佛心理学教授通过多年研究，发现了一个十分有趣的现象：人们在做某件事情之前，首先会对自己进行某种心理暗示。

比如：将一块宽 30 厘米、长 10 米的木板放在地上，大多数人都能轻易从上面走过去。但是，如果把这块木板放在高空中的话，几乎没有几个人敢迈步走在上面。这时，人们会自我暗示：我会掉下去。于是，他们心生恐惧，担心自己真的会掉下去，即使真的有能力走过去，也会望而却步，放弃尝试的机会。

事实上，很多看似闯不过去的难关，只要全力以赴地往前冲，就可以成功迈过那道坎儿。成功需要不懈地努力，但更需要有大胆尝试的勇气。

古希腊哲学家德谟克利特曾经说过：在成功者的基因中，最关键的一点是敢于行动。这种能激发人热情的能量，可以减轻命运的打击。当一个人不惧困难、不怕强敌、一往无前地夺取胜利时，还有什么能够阻挡他前进呢？

有一个故事，帮助许多人改变了命运，令人受益匪浅。

一天，公司总经理对全体员工说："大家都避开八楼那个没挂门牌的房间，最好不要进去。"于是，所有员工都不敢走近那个房间，担心受到总经理的责罚。

几个月后，公司新来了一批员工，总经理对他们重复了上面的叮嘱。有个年轻人对此颇为好奇，但同事们劝他别鲁莽行动，只要干好自己的工作就行了。

最后，年轻人不顾同事们的劝告，一心想要知道那个房间有什么秘密。于是，他轻轻地敲了敲房门，没有人应答。随后，他轻轻一推，虚掩的门就打开了。只见房间里有一张桌子，桌子上有一张纸，上面用红笔写着："把纸送给总经理。"

年轻人疑惑地拿起沾满灰尘的纸，走了出来。这时，同事们开始为他担忧，劝他赶紧把纸放回去，并承诺替他保密。年轻人再次鼓足了勇气，直奔总经理的办公室。

当他把纸交上去以后，总经理面带微笑地宣布了一个令人震惊的消息："从现在起，你就是新任的销售部经理。"

年轻人疑惑地问："难道是因为我把这张纸拿给您了吗?"总经理自信地说："是的，我已经等了快半年了，相信你能胜任这份工作。"

后来，那个年轻人果然把销售部的工作干得有声有色。当别人仍旧感到疑惑的时候，总经理向众人解释道："这位年轻人不为条条框框所束缚，勇于打破禁区，这种素质正是销售部经理应该具备的……"

很多时候，通往成功的门都是虚掩的。只要大胆地推开它，并勇敢地走进去，很可能就会看到一片崭新的天地。

成功是实践的过程，是探索的成果。对于一些史无前例的事，多数人总是害怕失败而不敢去尝试。其实，只要你大胆地走上前就会发现，许多门都是虚掩着的。在虚掩的门后面是全新的世界，只要你推开眼前的遮挡物，成功就会接踵而至。

太多人过着平淡无奇的生活，做任何事情都谨小慎微，虽然获得了安全感，却也丧失了领略更美风光的机会。在人生这条路上，能带给人安全感的只有奋斗。尤其是年轻人，不要轻易把梦想寄托在某个人身上，也不要太在乎周围人的闲言碎语，因为未来掌握在自己手里，只有勇气才能带给你真正想要的东西。

丘吉尔曾经说过：如果你想成为一个真正的勇者，就应该振作起来，豁出全部的力量去行动，这时你的恐惧心理将会被勇猛果敢取代。困难就是一扇虚掩的门，消极等待的人永远没有出人头地的那一天，被动消极的人只会分得残羹剩饭。真正有梦想的勇者，会有足够的勇气推开那扇虚掩的门，不让它成为前进道路上的障碍。

## 永远别为打翻的牛奶哭泣

泰戈尔说过：当你为错过星星而伤神时，你也将错过月亮。生活中，一个人不但要学会怀念，更要学会忘记。对于痛苦来说，忘记是一种解脱；对于疲惫来说，忘记是一种宽慰；对于自我来说，忘记是一种升华。

在漫长的人生道路中，如果把所有的恩怨情仇、功名利禄等都时刻记在心上，这无异于背上了沉重的十字架。无形的枷锁会让生命变得痛苦不堪，以致精神萎靡、一蹶不振。生命之舟失去了依靠，在茫茫大海中迷失了方向，就会有倾覆的危险。

无论你快乐或者忧伤，都不会左右生活前进的脚步。人生的精彩之处在于经历了怎样的过程，而不是得到了怎样的结果。所以，人生就是把无数明天变为今天，再把今天变为昨天的过程。聪明的人懂得忘记过去，不为打翻的牛奶哭泣，所以他们总能带着愉快上路，成为最大的赢家。

美国南加州大学有一位生物学博士，名叫保罗·布兰德威尔。他做事严谨，同学们似乎都有点畏惧他。因此，上课时大家都战战兢兢，对保罗也没有什么太好的印象。直到有一次，保罗在课堂上做了一件事，彻底改变了大家的认知。

那天早上，全班同学走进实验室。保罗·布兰德威尔博士将一瓶牛奶放在桌子上。大家都安静地看着那瓶牛奶，心想：这和今天的生物课有什么关系？

这时，保罗·布兰德威尔博士突然站起来，一不小心把那瓶牛奶碰倒了。同学们一阵慌乱，有人甚至惊呼起来。保罗·布兰德威尔大声说道："不要为已经打翻的牛奶哭泣。"

随后，他又一字一句地说："大家都看见了，这瓶牛奶已经洒掉了，无论你多么着急，都没有办法再将其收起来。我希望你们永远不要忘记这个道理。其实，只要开始稍加预防，那瓶牛奶就不会被打翻。可现在一切都太迟了，我们能做的就是把它忘掉，丢开这件事情，去关注下一件事。"

一名学生亲眼看到了一切，日后深有感触地说："我从这堂课学到的东西，超过了整个大学时代所学的知识。从那时起，我明白了这样一个道理：只要可能的话，就不要打翻牛奶，如果万一打翻了，牛奶就会流掉，你就彻底把这件事忘掉。"

生活中，人们常常做着背道而驰的事情。你可以设法补救某件事产生的后果，但不可能改变已经发生的这件事。想让过去的错误变得有价值，唯一的办法是以冷静的态度反思当时的行为，从错误中吸取刻骨铭心的教训，然后再把错误忘掉。

著名的棒球手康尼·马克说："过去我总是为输球而烦恼，可现在我觉得这是一种非常愚蠢的行为。既然输球已成事实，我又何必沉浸在痛苦的深渊里呢。既然水已经流进河里，就不可能再收回了。"

是啊，流入河中的水是不能收回的，打翻的牛奶也无法重新收集起来。但是我们可以在事情发生后采取积极的态度，告别伤感、后悔等不良的心理状态。

生命有限，在宝贵的时光中，将一些无关紧要的事忘掉，重新赋予生活更多积极、有意义的主题，你就能放下包袱轻装上阵，信心满满地面对现在，斗志昂扬地迎接明天。

莎士比亚说："聪明人永远不会坐在那里为他们的错误而悲恸，他们情愿去寻找办法来弥补他们的损失。"只有学会忘掉，才能走出失败的阴影和自卑的泥潭，这是成功人士共同的经验总结。如果你还在为昨天的某件事耿耿于怀，那就尝试着调节一下心绪吧。

## 你认为不值得去做的，注定无法做好

人们常说，鞋子合不合适只有脚知道。在生活中，常会有各个方面的比较，应不应该和值不值得便成了我们是否做一件事的衡量标准。

比如初入职场，由于经验不足，人脉不广，总是会被安排做一些出力不讨好的工作，或者被扔在一个无人问津的小角落。这时你肯定会认为，自己根本不应该花时间去做这些不值得做的事情。

当你不得不做自己认为不值得的事情时，往往敷衍了事。人们总是主观臆断一件事情值不值得做，却不考虑自己究竟能否完美地完成它。静心想想，当自己面对一件看似微不足道的小事情时，是否能够很轻松地把它做到尽善尽美。

高欣是一名设计师，大学毕业后，应聘到一家建筑公司上班。她常常在公司和工地之间奔波，因为只有不断实地勘察才能避免工程出现错误。这样一来，她非常辛苦。

在设计部，高欣是唯一的女员工，上司曾说这种体力活她可以不参加。但是，为了更好地完成工作，她从未缺席，就算爬很高的楼梯，或去野外勘测，她也从不抱怨。在这件事上高欣做得比许多男同事还好。

有一次，上司下达了一项紧急任务：三天之内给客户制订一套可行的设计方案。几乎所有人都认为，时间太短了，不可能完成，而且也没有额外的酬劳，不值得去做。上司非常无奈，想到高欣平时挺勤快的，最后就把项目交给她来做。

高欣没有考虑这项任务值不值得去做，拿上相关资料就直奔工地。在接下来的三天里，她没有吃过一顿饱饭，没有睡过一个好觉，脑子里想的全是项目，只想着怎样把它做到最好。遇到不会的东西，她就积极查找资料，虚心地请教同事。没想到，一开始被大家认为难度太大的项目，最后高欣却完成得很好。

经过这次事件，高欣成了大家关注的焦点。不久，她被上司破格提升为设计部的主管，薪水增加了好几倍。之后，上司在会议上说：不只是因为上次的任务完成得好才提拔高欣，更重要的是，她不会应付上司交代的任务，任何时候都拼尽全力。

工作中不存在微不足道的小事，每件事都需要认真对待，努力完成，态度是至关重要的。当你认为一件小事不值得去做时，你可能错过了一个做大事的机会。

很多人都有眼高手低的毛病，面对自认为不值得做的事情，他们会找各种理由搪塞。可是，在做一件自认为值得做的事情时，又常常做不好。事实上，每一件大事的成功，都是平时认真做小事积累经验的结果。

总是找借口推托，就会错失良机，忘记自己的职责。所以，与其花时间和精力去判断一件事情是否值得做，不如认认真真做好每件事情，这既是对工作负责，也是对自己的人生负责。

## 别让消极情绪吞噬你的人生

朋友的孩子，今年又是老师夸奖最多的孩子，表现活跃，各门课程都非常出色；同事的老公是商业界的精英，人不仅帅气而且多金，同事出国旅游成了家常便饭；朋友的父母，每天下班之前已经为朋友准备好了丰盛的晚餐……

　　看看自己，永远是最为灰头土脸的一个。孩子淘气异常，每次家长会总是站在最后一排，羞于见人；父母常年吃药住院，自己常年奔波于医院之间，哪能期望父母给下班的自己准备好丰盛的晚餐；工作更是可气，升职加薪每次都与自己擦肩而过。

　　这样比较下来，感觉自己的人生毫无色彩。为此，悲观异常，整天混迹于家庭和工作之间，不痛不痒，不新不旧。就这样，时光流逝，皱纹爬上额头，才发现自己的生活是多么黯淡无光。

　　正所谓"态度决定命运"。拥有消极的心态，生活何来崭新的面孔呢？生活中哪有那么多的珠光异彩，只是你被假象包围，被消极覆盖。别人的孩子并不是每天都聪明可人，自己的孩子也不失为懂事乖巧；别人的婚姻也未必美满幸福，自己的丈夫未必不疼爱自己；别人的名牌包包，没准也是偶尔一次，而自己的生活却平淡安然。

　　这样反过来想，别人也并非是自己眼中的事事美满，他们也有自己的劳苦埋怨。只是，他们将自己最好的一面呈现给大众，你呈现在自己面前的却恰恰是失意的一面。为此，你自怨自艾，抱怨生活的平淡无奇。也许，你所抱怨的平淡无奇，在别人眼中却恰恰是最渴望的平淡安然。

　　你从来不曾知道，你所厌弃的生活，正是别人梦寐以求的。父母健在便是人生一大乐事，有父母在，你可以随时像一个孩子一样泪流满面地向父母哭诉。好多人父母早已经离世，他们不得不隐藏起自己的心事，将自己装扮成一个大人的模样，单打独斗。他们羡慕你，羡慕你可以有父母的呵护，可以撒娇。

你从来不曾知道, 你所谓的工作一成不变, 正是别人所渴望的稳定超凡。别人的工作一变再变, 一次次找工作的艰辛都已尝遍, 或者是身居高位, 整天为了工作而不得片刻清闲, 连孩子都无法陪伴。你所厌弃的, 正是别人所祈求的。

你何曾想过自己的孩子懂事有礼。虽然孩子成绩平平, 总是让你开家长会的时候觉得尴尬, 但是在生活中, 他对你的孝心曾温暖过你多少个夜晚, 他待人接物彬彬有礼, 曾带给你多少骄傲。对于孩子, 不求大富大贵, 只求成为社会有用之人就可以, 这是多少人的期盼。

将这些事情细细想来, 也许你不会再为生活的沉闷呆滞而悲伤不已, 不再为生活的琐碎平常而暗自伤神。生活从来不是单面的, 只要你热爱生活, 将生活掰开来细细观察, 你会发现, 你曾忽略了太多的生活的多彩面。

很多人往往只关注到消极的一面, 采取消极的态度面对生活, 那么生活所给予他们的肯定是更加消极的一面。只有那些积极的人, 善于发现生活中美的人, 才能从艰难困苦中发掘出生活所孕育的亮丽的一面, 才会更好地面对生活。

那么, 如何才能告别消极的情绪、消极的人生呢?

◎避免与他人比较

正所谓没有比较就没有伤害, 不要为别人所炫耀的事情而遮迷了自己的眼睛, 从而忽略掉自己的人生。别人的人生不管好赖, 都是别人的, 与自己无关。如果将别人的生活过多地、强硬地拉进自己的人生中，那么所带来的消极面只能自己承担。过好自己的生活，别人的生活看看即可，切勿评论。

### ◎培养积极的心态

多从小事中寻找快乐，快乐多了，心态自然就会更加积极。学会赞扬别人，欣赏自己的家人，多给他们一些肯定。这样，顺心顺意的事情多了，心情也会变好。要给自己准确定位，切勿负重太大。

### ◎退无可退无须再退

如果你感觉到自己的人生真的是消极到了极点，已经无路可走了，不妨背水一战，破釜沉舟，没准真能置之死地而后生呢。

◆

# 第 08 章

# 反从众

## 群体会抑制个人的理性反思能力

---

　　一个人无论多么聪明、理性，一旦进入特定的群体就会变得盲目、冲动，不想做乌合之众却常常不自觉地置身其中。摆脱这一魔咒的方法是质疑群体提供的意见、想法和信念，学会理性分析与深度思考。

---

## 为什么大家都喜欢跟风

一个人能决定的事，那是私事；必须一群人决定的事，那是公事。私事的解决往往比较容易，也比较快。当一件事一个人解决不了时，就需要一群人去决策了。但是在决策中，每个人的想法又是不一样的，这是相当棘手的事情。如何敲定最后的结果？我们经常选择的是少数人服从大多数人的方法。但是，这样做是对的吗？

你可曾问过自己：当你的想法与大多数人不一样时，你会怎么办？你会去说服别人听从于你，还是跟随别人的脚步继续走下去？相信绝大多数人都是选择跟随大众。"罚不责众"这一观念的植入，使得人们的从众心理越来越严重，不仅在言语上你随我和，在行为上更是亦步亦趋，逐渐产生"从众效应"。这种效应有时能让人们进入正义的高台，但有时也能让人们进入歪理的轨道。

有一家公司，因为地处繁华地段，公司员工经常在上班途中遭遇堵车。公司制定了一项制度，每一位迟到的员工都必须在固定的本上写上自己迟到的原因。每天本上都写满了"今天因为堵车，所以迟到"，很多人为了省事，写上了"同上"两字。结果有一天，第一位行色匆匆的迟到者在本上写下"早上丈夫生病，陪丈夫去了医院，所以迟到"，后面迟到的员工纷纷写上了"同上"两字，最后闹了一个大笑话。

可见，人们往往倾向于人云亦云、盲目从众。从众效应在我们的生活中仿佛一个挥之不去的魔咒，时不时就帮了我们"倒忙"，那么，从众效应到底是如何产生的呢？有关研究人员的调查结果表明，从众效应的产生离不开以下几点：第一，受少数服从多数原则的影响；第二，外界压力的影响；第三，心理不确定性需求的影响。

从众效应产生的原因无不一一戳中我们的心理。有从众心理是非常正常的，但经常盲目地从众并不利于自己独立思考和判断，以致阻碍了我们更好地发展。我们究竟应该如何避免这样的问题呢？

◎提高自己的判断能力

如何提高自己的判断能力？一方面我们要在面对一件事情时从不同的角度去考虑这件事情；另一方面我们要不断地去提高自己的文化素养，多读书，多接触科学文化知识，让文化知识充实自己。

◎提高独立思考能力

不管是在生活中还是工作中，当面对一件事情的时候，我们首先要学会独立思考，千万不要一蜂窝地围在一起，这样容易让我们失去独立思考的能力。

## 高情商的人懂得强力纠错

一个想要成就大事业的人，不能随心所欲、为所欲为、感情用事，而应用理智对待一切，勇于纠正自己的错误。减少错误，修正缺点，就不会因为犯错陷入情绪失落状态，人生也会得到更多圆满。

即使是厉害的狮子，也不会攻击象群或在鳄鱼池里游泳。在每个人的身上或多或少都存在缺陷，但是如果懂得规避这些不足，甚至能弥补自己的短板，就会变得更加自信，从而保持良好的情绪状态。

在许多场合，灵活变通可以帮你摆脱尴尬，展示极富个人魅力的一面。这种强大的控场能力不但是高情商的表现，也是一种高超的社交能力。

第二次世界大战期间，英国首相丘吉尔来到美国首都华盛顿，会见当时的总统罗斯福。会谈中，他提出两国合力抗击德国法西斯，并要求美国给予英国一定的物质援助。这一提议得到了美国的积极回应，于是丘吉尔受到了热情接待，被安排住进了白宫府邸。

一天清晨，丘吉尔躺在浴缸中惬意地享受着，手中还点着一根特大号的雪茄。忽然，一阵急促的敲门声响起，随后罗斯福破门而入。被惊吓到的丘吉尔立刻站起来，结果来不及找到衣服蔽体，就被罗斯福撞见了。两国首脑在这种情景下相见，场面实在尴尬。这时，丘吉尔充分发挥了自己的出色口才。他把烟头一扔，说道："总统先生，我这个英国首相对你可是坦诚相待，一点儿隐瞒都没有啊！"说完，两个人哈哈大笑。

有了这个小插曲，双方的会谈也变得更加愉快，各项协议签署得异常顺利。或许，正是丘吉尔的情绪掌控能力发挥了积极作用吧。那句"一点儿隐瞒都没有"，不仅仅是为了调侃打趣，缓解尴尬的局面，更准确表达了坦诚相助、彼此信任的情谊。

强大的纠错与修正能力，是自信、机敏的表现。这种能力的养成不仅与外界环境紧密相连，还与内在的情绪掌控力有关。

当你愤怒或者伤心的时候，可以暂时将眼前的事情放一放，去做自己喜欢的事情，等平静下来之后再着手处理眼前事。此时，你会变得理性、清醒。这是处理情绪的有效方法，也会在最大程度上提升个人掌控局面的能力。

想要提高自控力，就不要把坏习惯当作敌人，而应看作朋友。只有心平气和地和坏习惯做朋友，你才能控制它们，趋利避害。此外，提高自己的思想素质，人就会变得从容很多，从而善于调节、控制自己的情绪和行为。

在这里，为大家介绍一个"磨炼法则"，那就是每天强迫自己去做一些不愿意做的事情，从而有效提高自控力。马克·吐温说过一句话，阐述了如何做到克己自制："关键在于每天去做一点自己心里并不愿意做的事情。这样，你便不会为那些真正需要你完成的义务而感到痛苦，这就是养成自觉习惯的黄金定律。"

实践表明，缺乏自控力的人很难有所成就，甚至会因放逐个人欲望走向歧途。有自控力的人，往往能够严于律己，在事业上取得非凡的成功。

## 你还在以貌取人吗

《三国演义》是家喻户晓的四大名著之一，其中不乏各种出奇制胜的战争故事，而这全都离不开谋臣。庞统曾经被认为是一名可以与诸葛亮齐名的奇才。最初的时候，庞统本来是想要为东吴效力的，可是由于他的相貌丑陋无比，性格又过于傲慢，于是被孙权拒之门外。不管孙权的臣子如何劝告，都无法动摇孙权的决心。就这样，孙权失去了一位谋臣，而庞统也失去了一次机会。

为什么孙权会这样坚决呢？难道是因为庞统无德无能吗？还是孙权手下的能人已经足够多，根本就不需要庞统了？其实，开始时孙权并没有与庞统进行任何的交谈，只是看到了他的相貌而已。而庞统的相貌令孙权对其心生厌恶，所以他们才相互错过了对方。

现在有些大学生，毕业就意味着失业。对于一个没有社会经验的人而言，想要得到一份好工作，就要努力给面试官留下一个好的印象。

小 A 毕业于汉语言文学专业。毕业后的他，急切地想要获得一份稳定的工作。有一天，他去一家杂志社应聘，希望在这里可以找到一份适合自己的工作。他见到了杂志社的社长，但还没说明来意，就直接被告知说杂志社不需要编辑。小 A 又问：是否需要记者？得到的答案同样是否定的。就连排版和校对人员的空缺都没有了。

小 A 并没有流露出沮丧的情绪。相反，他从自己的包里拿出了事先准备好的小牌子，并递给了社长。社长看了看牌子上的"名额已满，暂不征用"几个大字后，笑着对小 A 说，要是他愿意的话，可以先去杂志社的广告部工作。如果表现出色的话，是可以为他调整岗位的。就这样，小 A 获得了人生的第一份工作。

后来，小 A 问社长，当时明明已经没有职位可提供给他了，为什么会突然决定把他留下呢？社长说，当时小 A 被一而再地拒绝，可是他并没有表现出失望的神情，反而是那么乐观，这让社长对他的第一印象非常好。于是，社长决定给他一个机会，也希望杂志社不会错过人才。

从小 A 的事例中可以看出，一个良好的"第一印象"有多么重要。它不仅可以为我们赢得一个机会，还会影响别人以后对我们的看法。那么，我们该如何给别人留下一个好的印象呢？

◎时刻保持自信、精神焕发的面貌

一个自信的人，通常会被认为是一个对自己的工作能力和才干都极为欣赏的人。他们在与人交谈时，谈吐得体，会目不斜视地正视着对方的眼睛。在这种眼神交流的过程中，会让对方感受到他们是乐观且积极向上的人，给人以满满的正能量。

◎遵守预先约定好的时间

守时与诚信越来越被人看重，而且人们会不自觉地将这二者联系在一起。倘若你第一次去面试时，错过了与面试官约定好的时间，那么你就会错失一次良好的工作机会，而且很难再让面试官对你有好的印象。

◎试着用微笑来迎接每一个人

学会用微笑来与人打招呼，将你的友好传递给对方，对方一定可以感受到。微笑的人是自信的，是美丽的。但是，不要只是一味地傻笑，要学会把握一定的度。而且，不要让人觉得你是在敷衍，或是在讨好对方，这样会让人觉得非常讨厌，让场合变得尴尬，给人留下不好的印象。

## 不让名利左右我们的判断

大家是否遇到过这样的情况：詹姆斯是一个受人尊敬的名人，他有一个好名声，人们都会不由自主地尊敬詹姆斯的家人，认为他们都是比较值得尊敬的。这就是好名声所带来的影响。好名声也是一种财富，因为它在我们的潜意识里改变着我们的思维方式。

人们在对事物作出判断的时候经常会受到名利因素的影响，名利在无形中影响着我们，使我们看待事物的态度即刻有了转变。在这个社会里，名利会给一个人带来附加分，也就成了评定一个人价值的标准之一。我们不可能将希望寄托在一个默默无闻、毫无半点成就的人身上，我们更愿意依附于一个更为强大的后盾。

人活在世上，无论贫富贵贱、穷达逆顺，都免不了和名利打交道。名利问题自古就有，终生伴随在我们左右，在无形中影响着我们对一个人的评价。一个人的名声坏了，带给人的不良印象是会持续很久的。

身为公司中层管理人的刘莉前一天下午做了一件一直以来困扰着她的事情，她把手下的一名员工给开除了。这名员工在公司任职一年，没有作出什么成绩，工作态度又不认真，迟到早退是经常的事，上个月因为他的疏忽使刘莉丢掉了一个大客户。

刘莉出于无奈，只能选择让这个家伙走人。但是刘莉没想到的是，第二天，这名被她解雇的员工跑到了刘莉的上司家中，说自己之所以被解雇是因为刘莉曾经对他有过性暗示，被他拒绝，因此刘莉怀恨在心，将他开除了。这一状告得实在太狠了，虽然完全是该员工在撒谎，但因为刘莉在办公室里常常给人以风骚的感觉，平时的穿着打扮也很性感，名声不太好，实在让人禁不住往坏的方面想。

刘莉的故事告诉我们，在职场中一个好的名声是多么重要，虽然刘莉没有做错什么事情，但是自己的名声严重影响到了自己的未来。人们是否会相信谣言，完全取决于你的名声如何。如果你有个好名声，那么在面对流言蜚语的时候就大可不必紧张。

任何时间，任何地点，名利都在有意无意地起着作用，对于名利，世间很少有人能做到真正超脱。如何做事能够让我们赢得尊重，以及获取最大的利益，将直接决定我们的做事方式。没有人会希望自己成为一个臭名远扬、一文不值的废物，也没有人会对一个行为不检点的人有个好印象。其实，这就是名利在潜意识里发挥着无可厚非的作用。

再没有什么比一个受人尊敬的品质更让人折服了。

名利就像一张无形的名片，让别人眼中的我们更加耀眼。生活中处处蕴含着名利，名利在时刻左右我们的判断。

## 拒绝"乌合之众效应"

《管子》一书记载："乌合之众，初虽有欢，后必相吐，虽善不亲也。"乌合之众就像散沙、碎石和钢筋，如果没有水泥是联合不到一起的。而水泥就像是聚合剂、固形剂，有了它才能把砂石和钢筋变成摩天大厦。

事实上，一个人始终待在群体中，很容易消灭掉自己的个人意识，一味地想融入群体，从而忽视自我，最终失去独立思考的能力。因此，我们要学会避免盲从，拒绝做乌合之众，理性思考，方能深入地感知这个世界。

英国小说家毛姆曾说："就算有五万人主张某件蠢事是对的，这件蠢事也不会因此就变成对的。"这提醒我们，一件事即使墙倒众人推，即使很多人认同，也不一定是对的，最终需要头脑清醒的人做决断。睿智的人善于成为一棵独立的树，而不是依靠在一个随时都可能枯萎的藤上。保持清醒的头脑，不随波逐流，不做乌合之众，是成为理性人的关键。

纵观历史，因盲从引发的悲剧比比皆是。因为盲从，东施效颦终成笑话；因为盲从，刻舟求剑贻笑大方……从古至今，人们均存在浮躁心理，盲目跟风的人永远意识不到自己的错误，只会跟着大家的脚步前进，一旦形成习惯就彻底丧失了独立性和自主性。

哲学家尼采说过："更高级的哲人独处着，这不是因为他想孤独，而是因为在他的周围，找不到他的同类。"这句话也与《乌合之众》中所说的话相对应：人一到群体中，智商就严重降低，为了获得认同，个体愿意抛弃是非，用智商去换取那份让人倍感安全的归属感。

无论做什么事情，每个人的情况都不太相同，不可能从一开始就千篇一律，群体的意见终归是别人的，每当面临问题时，我们应该学会先从自我的角度去思考，从而在独立思考中获得对事物的正确认知。

为了避免成为乌合之众，我们要时刻保持理性和逆向思考，保持清醒的头脑和认知。滚滚的黄河奔流不息，淘尽沙砾留下真金。寻常大众平稳地走完人生道路，一生轻描淡写；一部分人不甘平庸，在历史上留下了浓墨重彩的一笔。不要做下一个谁，要做第一个自己，走自己的路，活出自我。

◎内心始终坚持主见

外在所有的声音，如果能够影响到你，那是因为你的内心没有自己的主见。即使跟风也要保持理性，盲目跟风者往往是内心没有主见的人。人的高度不在身体的高度，而在于思想的高度。

◎走自己的路，不随波逐流

人云亦云，随波逐流会为自己的人生之路设下障碍。遇到抉择时，要学会恪守自己心中的原则，不要因为他人的言语影响自己的判断。

◎培养批判性思维

批判性思维需要具备全面性，我们不能单纯地被眼前的现象或信息左右，而应当从多元的角度出发思考问题。


## 抛弃"共识"才能发现真相


在大多数情况下，人们往往选择少数服从多数的原则，因为走出"非共识"的路需要巨大的勇气，大多要承受未知的迷惘和压力，甚至是冷眼旁观和冷嘲热讽。然而，抛弃"共识"会让我们在社会的共识中产生不一样的想法，帮助我们从另一个角度了解世界，这也是创新的起点。

不抽象，我们就无法深入思考；不还原，我们就看不到本来面目。共识可以帮助我们认识自己、了解世界。但反过来想，抛弃"共识"才能帮我们找回那些在抽象的过程中被丢掉的东西，最终发现真相。

孟子说："自反而缩，虽千万人，吾往矣。"勇往直前，这是一种勇气和气魄。

燕国寿陵有个少年听说邯郸人走路姿势很美，便跑到邯郸来学习走路姿势。他看到小孩走路，觉得很可爱，就学习小孩走路；他看到老人走路，觉得步伐稳健，就学习老人走路；他看到妇女走路婀娜多姿，就学习妇人走路。到最后，他不但没学会邯郸人走路的优美姿势，反而将自己原来怎么走路也忘记了。

盲目地随波逐流、跟随共识，往往会让我们失去自我。有些时候，我们要遵从自己内心的需要，敢于替自己做主，大胆抛弃众人头脑中的"共识"。

马克·吐温曾说：每当你发现自己和大多数人站在一边，你就应该停下来反思一下。任何创新在诞生的那一刻都会受到质疑，然后受到大众的追捧，最后成为平常。反过来想，拥有共识很容易走向失败。

战国时期六国合作抗秦失败，三国后期蜀国与吴国合作抗魏晋势力失败，元末各路起义军合作灭元失败，明末农民起义军与明朝残余势力合作抗清失败。由此可见，达成"共识"可能不会走向成功，反而会导向失败，我们要学会抛弃"共识"，去发现事情的真相。

人生有无限可能，大胆去创新，沿着非共识的道路走下去，你会发现别样的风景。一个人如果一直随波逐流，会失去思考的动力，这往往是平庸的开始。所以我们要学会打破墨守成规，学会用逆向思维来思考问题，走出幽暗的深谷。成长与成功从来都是一场孤单的旅行，抛弃"共识"，方能柳暗花明又一村 。

### ◎随波逐流是自我成长的压制

一个人如果一直随波逐流，很容易丧失自己的立场，缺乏判断是非的能力，从而无法自我成长。我们要学会不人云亦云，内心坚持自己的主见，方能走出狭隘，逆转局面。

### ◎敢于抛弃共识会提高思考的能力

一直墨守成规往往是接受自己平庸的开始，不怕想不到，只有做不到。抛弃共识，坚定自己的立场，当我们换位思考的时候，往往看事物的角度会更加全面，就会离真相更近一步。

### ◎真相往往掌握在少数人手中

有些人会认为大众的观点才是最客观的，但事实往往并非如此。如果我们根据其他人的结论作出判断，很容易造成决策失误。真相不一定是大众所想，我们应该学会反向思考，始终保持怀疑并坚持自己的主见，才是智者的表现。

逆向操作：人生逆袭需要弯道超车

◆

# 第 09 章

# 结果倒推

## 时刻掌控做事的主动权

当擅长正向思维的人苦苦寻找从起因到预期结果的变现方法时，擅长逆向思维的人却从结果反推到起因，轻松找到了执行路径。先设定想要的结果，再倒推出如何让执行落地，这种逆向操作是一种高超的办事艺术。

## 专注于结果，不要探究过程

在常规思维模式中，过程和结果是一对不可分割的整体，先有过程，后才有结果，因此是过程推导出结果。但在逆向思维模式下，过程和结果既可以是连续的整体，也可以是完全不相关的两件事，过程不能必然推导出结果，结果也不一定要由过程得出。

因此，常规思维必然更加关注过程，并且用心经营过程，以求得到期望的结果。逆向思维则没有这些束缚，不必探究过程，只专注于结果，一样能得到期望的结果。

篮球比赛的竞技规则是把球投进对方篮筐，得分多的一方为胜。但在篮球史上有一支球队，为了获得比赛胜利，把球投进自家篮筐，上演了一出"捉放曹"。

1961年，在南斯拉夫举办的欧洲篮球锦标赛上，保加利亚队与捷克斯洛伐克队相遇。距终场6秒时，保加利亚队领先2分，且握有球权。但根据当时循环赛制规定，在胜负场次相同的情况下，两队将比较小分决定出线权。这就要求保加利亚队至少赢捷克斯洛伐克队5分以上才能出线。保加利亚队主教练请求暂停，主教练给队员布置的战术是：不要犯规，大胆让对手投篮，投两分球和三分都可以，只要耗完这6秒钟，球队就晋级下一轮了。

比赛继续，保加利亚队球员表现反常，不向前进攻，在本方后场磨了4秒后，突然一名球员掉转枪口，朝着自家篮筐来了一个精

准的中投，球应声入网。裁判哨声随即响起，比赛结束。全场球迷
被惊得目瞪口呆，不知道发生了什么事。这时，裁判高声宣布：双
方打平，要进行加时赛。

现场突然沸腾了，球迷恍然大悟，原来保加利亚队主动送上 2
分，就为了和对手打成平局，进入加时赛。加时赛开始后，被恍惚
折磨的捷克斯洛伐克队始终没有找到比赛状态，最终以 6 分惜败，
眼睁睁看着对手晋级，自己却被淘汰出局。

虽然这场比赛从体育精神上看，是有些欠缺的，但从实际效果
看，球队实现了晋级的目标。

常规思维一定先关注过程，后关注结果，是向过程要结果的
"过程导向"。逆向思维则相反，不关注过程，只关注结果，是通过
结果证明过程的"结果导向"。很多成功者之所以能在纷繁复杂中找
到最有利于自己的行事过程，逆向思维下的结果倒推绝对应该记大
功一件。因为，无论顺着过程去做事，结果是不确定的。如果用逆
向思维考虑问题，就会发现，结果本来就在那里，原本就是确定的。
因此，一切以结果为导向，从结果向前倒推，找出中间每个环节所
需的条件，去搞定它们，结果自然就会出现。

以不变应万变，以万变应不变；以无法为有法，以有法为无法；
以无限为有限，以有限为无限。这就是逆向思维，不管如何变，目
的只有一个，那就是结果。

## 艾森豪威尔法则：分清主次，高效成事

在日常生活和工作中，我们本有机会能很好地计划和完成一件事，但常常又未能及时去做，随着时间的推移，造成工作质量的下降。很明显是因为时间管理做得不好，或者因为拖延，或者因为计划不到位，未能在有限的时间内取得较高的做事效率。每当面临工作一大把时间却很紧迫的时候，我们都会心中暗想：等这次过后，一定要学会规划时间。

但是，现实情况是，我们经常"好了伤疤忘了疼"，这次过后，进行时间规划的渴望和坚定执行的决心早就抛诸于九霄云外了，又开始了无计划、无目标、无自律的"三无"生活。如果你也正陷入这种怪圈中难以自拔，那么就问一问自己：究竟是哪里出了问题？

很显然是时间规划与控制方面出了问题，导致自己无法掌控做事的时间和效率。而又是什么让你一次又一次地放弃时间规划呢？你的答案可能是自律或者是自控能力，但这只是表象问题。实质的答案可能是你意想不到的：是思维模式出了问题，导致自己一而再、再而三地犯同样的错误。

我们以常规思维去看待时间规划的问题，却在每一次"手忙脚乱地度过紧迫状况"之后快速懈怠下来，是因为思维中"完成"因素在作怪。虽然这次很混乱、很紧迫，但是事情也完成了，或者事情也过去了，无论是否产生什么不利的后果，都已经是"完成时"

了。常规思维下，人们很难对过去的事情提起精神。

现在我们以非常规的逆向思维来看待时间规划的问题，你首先想到的应该是结果，且是不怎么好的结果，然后反推条件，就会发现"结果"与"条件"并不匹配，如此混乱和紧迫的结果对应的却是时间和完成要素都很宽松的条件，本不应该产生这样的结果。此时，在你的心里会再次燃起时间规划的火焰，毕竟人的心态都是向好的。

当我们明白了思维模式与时间规划的关系后，进行时间规划就是顺理成章的事情，规划时间的主动性也会极大增强。那么，要如何规划时间呢？我们给出的建议是遵照"艾森豪威尔法则"进行。

艾森豪威尔法则也称为"四象限法则"，是时间管理理论的一个重要方法，将要做的事情按照紧急、不紧急、重要、不重要的排列分成四个象限，这四个象限的划分有利于我们对时间进行深刻认知和有效管理。

第一象限：包含一些既紧急又重要的事情，具有时间上的紧迫性和影响上的重要性，无法回避，也不能拖延，必须首先处理，优先执行。

第二象限：包含一些不具有时间上的紧迫性，但具有重大影响的事情，对于个人的存在和发展具有重大的意义，因此平时的大块时间主要用来完成这部分工作。

第三象限：包含一些时间上紧迫却并不重要的工作，很多人误认为只要紧急的就必然重要，实际上却并非如此，因此该象限的工作具有迷惑性，可用零碎的时间抓紧处理即可。

第四象限：包含一些既不紧迫也不重要的事情，几乎都是琐碎的杂事，能不做的就不做，尽量做减法。

通过对四个象限的解读可以看出，艾森豪威尔法则是帮助我们有重点地把主要的精力和时间放在处理那些重要但不紧急的工作上，这样可以做到未雨绸缪，防患于未然。

## 每天找出最重要的事情去做

拥有不同思维模式的人对事物的认知是不同的，其行为特征和做事方式也是不同的，所获得的结果也是不同的。

拥有常规思维的人的做事方式是：只要有事做，别闲着，就算是努力了。于是，他们主要挑拣自己喜欢的事情做，每天看似忙忙碌碌的，其实没做什么对自己有意义的事情。

拥有定势思维的人的做事方式是：哪一件事紧急就做哪一件，因为他们已经形成了固定性的认知，即紧急的就是重要的。其实，很多紧急的事情一点都不重要，比如突然的来电或者陌生人推销。

拥有正向思维的人的做事方式是：按照工作流程进行，接下来是哪一件事就做哪一件，紧急的事情也有可能被排在后面，不论重要与否，投入的精力都差不多。

拥有惯性思维的人的做事方式是：熟悉哪一件事就先做哪一件，因为惯性形成于熟悉，越是熟悉的越愿意做，越是不熟悉的越不愿意做，久而久之形成了严重的"偏科"。

以上是常见的思维模式主导下人们做事的状态，看起来每一种都不闲着，都在做事，但都没有将事情做好。事情不可能都同等重要和同等紧急，一定会有区别，那么我们做事时就应该将事情按重要等级进行划分，优先做最重要的事情。这种方式恰好与逆向思维对事物的认识相符。

拥有逆向思维的人的做事方式是：从事情的结果反推出事情的重要性，然后根据重要性对事情进行划分，最重要的先做，一般重要的后做，不重要的尽量不做。

为什么一定要强调，最重要的事情先做呢？因为我们每天的时间是有限的，而每一天需要处理的事情总是很多，如果不能分辨事情的优先性，将极大降低做事的效率。而且，付出与收获之间还有一个重要的法则需要遵守，那就是帕累托法则。

帕累托法则是一个经济学法则，即收入的 80% 来自关键的 20% 工作，80% 的利润来自 20% 的重要客户，因此也称为"80/20 法则"。虽然，现实中的划分不会是绝对的 80/20，也可能是 90/10、70/30，但原理是相同的。投入的精力并不能决定产出的结果，只有将主要精力投入重要的、有价值的事情中，努力才能有高产出。

人做事是以"日计"的，每天的可用时间可分为大块时间、小块时间和碎片时间。大块时间必须用于完成一天中最重要的事情。比如：作家最重要的事情是写作，就应该在大块时间内安静地创作；学生最重要的工作是学习，除了在学校，回家后的大块时间也要用于学习；运动员在没有比赛的日子里，大块时间应该用于有计划地训练……

找出自己最重要的事情，并运用自己的大块时间完成最重要的事情，有以下三个必须要遵守的原则：

◎大块时间内只能做最重要的事情，其他任何事情（意外状况除外）都不能涉及。

◎大块时间的长度不应低于两个小时，这是保证认真完成且能获得最佳收益的临界值。

◎如果大块时间需要做一件以上的事情，就预先做好规划，按照重要程度和紧急程度确定执行优先级。

## 你认为不值得去做的，事实上也无法做好

心理学上有个"不值得定律"，意思是不值得做的事情，就不值得做好。不值得定律似乎再简单不过了，但它的重要性却时常被人忽略。"不值得定律"反映出人们的一种心理：自认为不值得做的事情，就会抱着敷衍了事的态度，绝无可能做好。

"值得"与"不值得"的距离有多远，在于我们的内心如何衡量。其实，事情本身并没有价值，是人们赋予了它价值。同样一件事，我们认为"不值得"，它就没有价值；我们认为"值得"，它就有价值。"值得"的程度有多高，价值就有多大。

1906年，戴尔·卡耐基以《童年的记忆》为题的演说获得了勒

伯第青年演说家奖。这是他第一次成功的尝试，这份讲稿至今还保存在瓦伦斯堡州立师范学院的校志里。

后来，在一次演讲中回忆这次获胜的经历，他说："这次胜利之前，我经历了 12 次失败，原因是我不够努力，我不认为演讲是一件值得我去努力做的事。我的母亲对我说：'如果你认为演讲不值得做，那就不要去做了，因为你不可能做好；如果你还想试一试，那就努力做好，看看自己能不能完成它。'我明白了'值得'与'成功'之间的关系，如果想要在某个领域获得成功，首先要肯定这个领域，要全身心地投入……"

1908 年，卡耐基仍旧很贫穷，但与两年前进入师范学院时已有天壤之别了。他成了全院的风云人物，在各种场合的演讲赛中大出风头。正是这样的经历成就了他成功学大师和成人教育之父的地位。

同是演讲这件事，因为不同的心理状态，导致了不同的结果。当卡耐基任由内心的"不值得"占据上风时，其思维模式也被定格在一条线上，那就是"不值得做"，然后"做不好"，又因为"做不好"，更加印证了"不值得做"的心理。当他跳出直线思维，从结果去倒推条件，才真地意识到，"做不好"是因为心里的"不值得"。如此，他改变了对演讲这件事"不值得"的看法，他要去做好它，在努力的过程中越来越觉得这是一件值得的事情，最终"值得"的动力支撑他获得了胜利。

人越长大越相信努力奋斗的意义，脚踏实地很难，真的需要一步一个脚印地走出自己的未来。不值得热爱、不值得付出、不值得珍视、不值得追索……这些"不值得"是会蔓延的，最终吞噬自己的全部生活。于是，我们更加相信了"人间不值得"。当我们觉得日子不值得全力去过好的时候，几乎所有的日子我们就都过不好了，最终我们所收获的，恐怕只能是一个"不值得的人生"。

当然，并不是说所有的事情我们都要全力以赴去争取，有的事情确实不值得努力去做。我们最终的目的是要找出真正"值得"的，然后认真努力去做，将"值得"的事情做好。下面给出两条关于"值得"和"不值得"的建议，供大家参考。

### ◎确实不值得的，就果断放弃

很多时候，不值得做的事情犹如鸡肋，食之无味，弃之可惜，不想放手，又不愿好好做，就这样随便过，得过且过。

既然你都认定这件事是不值得的了，为什么还一直做着，为什么不肯彻底放弃，为什么不去选择值得做的事，为什么……

### ◎既然做了，就做好，别再考虑值不值得

有太多的人忙碌了一辈子，回过头来却发现自己没有做过什么有价值、有意义的事情。一辈子都在瞎忙，所以一生都没有成就感，没有思想，内心空虚。

对于个人而言，应在多种可供选择的目标及价值观中挑选一种最适合自己的，或者自己最喜欢的，或者两者兼具的，然后为之努力奋斗。不要做自己的奴隶，不是每件事都必须做。但也不要辜负自己，什么事情都敷衍了事。选择你所爱的，爱你所选择的，才能激发自己的奋斗毅力，也才可以心安理得。

## 任何时候，办法总比困难多

古印度有位国王，想把一批囚徒处死。该国处死死刑犯的方式有三种：砍头、绞刑和火刑。国王让囚徒们自己选择，方法是：囚徒任意说出一句可以马上被验证真假的话，如果是真话，处以绞刑；如果是假话，处以砍头；如果无法验证，处以火刑。

这样，囚徒们不是因为说了真话被绞死，就是因为说了假话被砍头。有一个囚徒非常聪明，他说了一句话，使得国王既不能将他绞死，又不能将他砍头，还不能施以火刑，最后只得把他放了。

这个囚徒说的是："要对我砍头。"

如果把他砍头，等于证明了"要对我砍头"是真话，而说真话是应该被绞死的；如果把他绞死，又证明了"要对我砍头"是假话，而说假话是应该被砍头的。这句"要对我砍头"又是立即能被验证的，还不能处以火刑。因此，三种死法都不符合他，只能当场释放。

这是一则无籍可考的野史故事，但这名囚徒在绝境中依然能通过智慧为自己争取到生还的机会，着实令人惊叹。他的智慧来源于哪里呢？看起来很深奥，实际上很简单，就是逆向思维。按照常规思维，说真话、说假话和胡说话，都是要死的，想要活命是不可能的。但运用逆向思维，将其中的条件进行错位捆绑——真话和砍头绑在一起，用对方的逻辑锁死对方。

故事中的场景设定，堪称绝境中的绝境，应该是无解了。但即使在这样的无解局面下，依然有人不放弃，努力想办法，找出脱困之路。有句俗话，"只要思想不滑坡，办法总比困难多"，就是指在任何情况下，都不要轻言放弃，要坚定信念，相信自己能够解决。然后迅速升级思维，从常识的、定势的、惯性的，升级到逆向的、发散的和非常规的。

我们要永远记住，命运是掌握在自己手中的，对困境的逃避、灰心、放弃都是没有理由的，我们必须要做些什么来帮助自己走出困境。弗朗西斯·培根说："好的思想，尽管能得到上帝赞赏，然而若不去付诸行动，无外乎痴人说梦。"

我们还要记住，困境、逆境、绝境并没有那么恐怖。给它们套上魔鬼般外衣的正是我们自己，因为常规思维总是告诉我们，困境太强大、逆境太危险、绝境太残酷，它们都是不可战胜的。但逆向思维却不这么认为，它认为困境可用于磨炼意志，逆境可用于增长智慧，绝境可用于装点成功。只要我们足够坚强、足够勇敢，一切阻碍都会像冰雪一样，一见阳光就会融化。

成功之路是陡峭的阶梯，两手插在裤袋里是爬不上去的。我们必须左手握着逆向思维，右手攥着坚强信念，一步一步克服困难向上攀登，直至达到最高峰。

## 迅速转弯，别在错误里拖延时间

古代中国实行"里坊制"，巷子都是封闭的，所以有"一条道走到黑"的说法，形容不回头、不转弯的意思。如果是走在正确的道路上，坚持就是对的，只有坚定不移地走下去，才有成功的希望。但是，若是走在错误的道路上，坚持就是错的，且越坚持距离成功越远。偏偏有一些人抱定"一根筋"，无论前方的路能否走得通，都非要坚持到底，即使撞到南墙，也不愿回头。

梁启超曾说过："变则通，通则久。"这就是在告诫我们，知变与应变是一个人必须具备的素质，也是现代社会能力比拼的重要标准。我们都知道成功不易，必须要有坚定的信念，但取得成功的办法却有很多，所谓"条条大路通罗马"，不用非得在一条走不通的路上盲目坚持。

就像炒股，为什么散户多是赔钱的？实力不是关键因素，心态才是决定性的。有句话叫"浅套快止损"，当总体行情不利或所持股票业绩不良时，在小幅亏损时就该割肉离场，收拢资金以备再战。但太多散户舍不得割肉，总希望翻红保本后再离场，结果在错误里拖延日久，越套越深，最终变成了"深套得死扛"。即便是真如所愿，所持股票短期内翻红了，保本了，又有多少人会真的离场呢？贪心会让人继续留下来，希望获得一些利益后再离场，早已忘记了这只股票业绩并不支持走高。

赌徒心理基本都是线性思维，"赌输了想翻本，赌赢了还想赌"，就在"赌"这一条路上走下去，直至"赌"到弹尽粮绝。线性思维决定了人只能沿着当前的情况思考未来，不懂得适时停下来，从其他方面分析事物，更不懂得运用逆向思维从结果倒推起因。

在线性思维的作用下，眼前的道路只有一条，就是沿着线性走下去。但若是从逆向角度思考，道路会变得四通八达。

某个国家没有鞋子，一天国王的脚无意间踩在一张牛皮上，觉得非常舒服，便命人在全国的道路上都铺上牛皮，好方便自己走路。一位大臣建议，只要用牛皮把国王的脚包裹起来就可以了。很显然，国王的思维是线性的，沿着"道路铺牛皮"这一条路想办法。大臣则用的是逆向思维，从结果倒推起因："国王不就是希望走路时脚能舒服些吗，国王不希望走路时脚直接接触石粒，包裹脚能取得同样的效果，且代价最小。"

做任何事都要尽可能争取掌握主动权，只有如此才能在机会到来时，获得最大的利益。因此，必须懂得变通，学会变通，不要总是直线思考，该转弯时就转弯，该放弃时就放弃，在错误里留恋的时间越短，损失就越小。

人生之路，道阻且长，我们必须学会灵活应对各种突发状况，在山重水复之时转换一下思路，说不定会柳暗花明。记住：到达一个目的地的方法有很多种，除了步行，还有飞行、潜行、遁行。

◆

# 第 10 章

# 以退为进

## 懂得认输的人很懂说话

在人际沟通中，有一种智慧叫"以让为争""以退为进"。说话不是比赛，别急着抢答，也别因争辩忘了说话的目的。流水不争先，争的是滔滔不绝。具有逆向思维的人懂得后退、敢于低头、善于认输，拥有打破僵局的圆场能力，处处得心应手。

## 适时闭嘴是最好的社交能力

相传朱元璋当上皇帝后，小时候跟他一起长大的张十三来到京城，想讨个一官半职。张十三一见到朱元璋，便热泪盈眶，连呼"八哥"，若不是被卫士拦住，差点冲上去与皇帝拥抱。朱元璋皱了皱眉头，但也不好发作，只得念在儿时的"情分"上，问了一句："别来无恙?"

不料这一问，一下子打开了张十三的话匣子："八哥，你现在真是八面威风啊，居然做了皇帝。想当初我们一起替人家放牛，不知挨了地主多少鞭子；听说你要过饭，我也要过饭，受了多少欺负，遭了多少罪啊，真是九死一生。有一次，我躲在芦花丛里，把偷来的豆子放在竹罐里煮，还没煮烂就急吼吼地吃了，结果晚上肚子胀到不行，差点没死了。八哥，你也说说你那时候的事，估计你比我要惨，不然怎么会投军……"张十三的口无遮拦，让朱元璋忍无可忍，堂堂天子岂容宵小之人攀附侮辱，随即大喝一声，将张十三斩首了。

曾有人说过一句话：说话是人的一种本能，但学会闭嘴是一种智慧。

人与人相处时，不管自己多么能言善辩，都要把握一个度，不要自视过高，以为自己会说话，不管别人愿不愿意听、喜欢不喜欢听，就不顾别人感受说个不停。

　　通常，这种自顾自说的人，都不太懂得人与人之间沟通的规则，只是简单地认为沟通是建立在说话的基础上，所谓有"沟"才能"通"，这是典型的定势思维，将一件事认定为只能有一种解读。

　　其实，人与人之间沟通，不只有说话交谈这一种方式，一些比较特殊的情况下，闭上嘴巴停止沟通反而更加明智。这是逆向思维教给我们的智慧，因为当"沟"而不通的时候，再说下去也难以起到想要的作用，那就采用相反的策略，不再说了，将趋向凝固的气氛用阶段的空白缓和下来。

　　一个人，只花两三年时间就能学会说话，却要花一辈子学会闭嘴。"该闭嘴时就闭嘴，得缩头时且缩头"，更是一种具有智慧的表现。

　　有一种人，他们不会当面问你可能会让你觉得尴尬或不快的任何问题，甚至从来不八卦地问东问西，你跟 TA 交谈，TA 会安静地倾听，或温柔或风趣地回应你。这类人有礼貌，情商高，从来不会置人于尴尬的境地。不管作为恋人或是朋友，他们都是无比温暖的存在。

　　交谈的普通境界是让彼此明白对方所要表达的意思，交谈的最高境界是让彼此在舒服的心境下愉快地表达自己的意思。唯有用心、真诚地去交流，言辞得体、收放自如，能够从言行各方面尊重对方、理解对方，才会获得对方的尊重，才能进入对方的内心，人格魅力由此建立。

## 将错就错产生反讽味道

当思维是常规状态时，面对一些本身就有矛盾或是来者不善的提问，就会顺着对方的思路走下去，要么先气倒自己，搞乱自己的思路，要么落入对方的陷阱中，让自己失去主动权。来看看下面这个小故事。

某个国家的外交官问一位来自非洲国家的大使说："贵国最近几年部落冲突不断，死亡率应该不低吧?"

很显然，这是一句用心不良的话，目的就是让这个非洲国家的大使自曝家丑。如果以常规思维顺着对方的思路回答，就必然会落入圈套中，而且作为外交对话，既不能避而不谈，也不能乱编数据，那样同样会落人口舌。如果你是这位非洲国家的大使，要如何回答呢?

回答这样的问题，一定要预先跳出常规思维，国家战争、部落冲突、医疗资源、环境卫生、新生儿死亡率等，这些与"死亡率"有关的因素都属于常规思维范畴，提出任何一点当作借口都会掉进对方的陷阱中，因为无论怎么解释，这个国家的死亡率高是不争的事实。所以，要开动逆向思维模式，从一个与常规"死亡率"没什么关系的角度切入，再从与"死亡率"有关系的角度切出。

这位非洲国家的大使是这样回答的："和贵国一样，每人死亡一次，死亡率无所谓高不高。"很显然，在外交关系上，这种故意揭他国短的做法是错误的，是有违外交原则的。但既然对方已经亮出了刀锋，作为国家尊严的维护者就必须接招，他没有理会对方问话的要害，而是用每个人都会死亡替换了该国因为各种不利因素导致的人口死亡，巧妙地用将错就错的方式营造出了反讽的味道，维护了本国尊严。

这个世界上，总是有一些人自以为是，明知不可问而偏要问之，通常目的都不纯良。面对这样的情况，必须用非常规的方式回敬对方，其中逆向思维永远是最好用的武器。

下面，我们用一个小故事来结束本节，看看那些会运用逆向思维的人是如何巧妙反讽，保护自己的尊严的。

有一个秀才遇见一位农民，想要奚落对方一番，问道："请问这位老乡，你有几个令尊啊？"

农民装作不知道"令尊"的意思，反问道："令尊是什么意思？"

秀才以为得逞了，狡黠地一笑，说："令尊就是儿子的意思。"

农民不动声色地说："哦，这样啊！"说罢，他抬手指了指前方正在玩耍的几个孩童对秀才说："看那几个孩子，应该和你的令尊们差不多大。"

秀才毫无思想准备，被揶揄得有些恼火，便顺嘴说道："我还没有令尊。"

农民佯装安慰他，说："原来你没有孩子啊，我倒是有两个儿子，可以过继一个给你当令尊。"

## 放弃咄咄逼人，选择适时退让

你有没有体会过那种带刺的聊天方式？我心怀好意，你却咄咄逼人，这样的对话势必让人很不舒服。

《红楼梦》中的林黛玉虽然才华横溢，但性格比较自我，说话常不顾及别人的感受。

有一回，周瑞家的替薛姨妈为贾府众姐妹送宫花，当送给林黛玉时，她却冷言冷语地问道："是单送我一个人的，还是别的姑娘们都有呢？"

周瑞家的回答："各位都有了，这两枝是姑娘的了。"

林黛玉嗤之以鼻地说："我就知道，别人不挑剩下的也不给我。"

每当在电视上看到这段时，我都觉得不甚理解。林黛玉这是挑的哪门子理呢！无论是出钱的薛姨妈，还是出力的周瑞家的，都没有什么对不住她的地方。

在现实生活中，也经常能看到一些人说话时气势咄咄逼人，绝对不会少说一句，一定要把对话的制高点占住了。如果对方选择退让，会让此类人产生一种"胜利者"的状态，认为自己把对方镇住了。但实际上明眼人都看得出来，孰优孰劣，孰胜孰败。如果对方并不退让，双方必然对垒，唇枪舌剑难以避免，最终的结果只能是两败俱伤。

说话总是咄咄逼人的人，一定与其思维方式有关。其中的重要思维论据是：人如果老实就会遭受欺负，所以一定要强硬起来。但此强硬非彼强硬，性格强硬不等于语气强硬，显然常规思维的人将塑造强硬性格理解错了。其实，即便是性格强硬的人也不等于时时刻刻都强势待人，都需要根据具体事情具体分析。通常会将正向的常规思维与逆向的非常规思维结合运用，让自己能更加灵活地为人处世。因此，强者绝对不是口头上的强势，而是懂得适时退让的真强者。

◎争辩需节制

说话要有分寸，即节制有度。在社交时，有时会因各种事情同谈话的对方发生争辩，除了原则性问题不能相让，其余问题皆不必针锋相对，要具体问题具体对待，能退就退一步，错了就及时承认，即便需要争辩也要注意策略，避免发生冲突，更不能无休止地争辩下去。

在日常交际时，即便不能一句话把对方说笑起来，但也不能让对方跳起来。我们用于说话的嘴，千万不能变成枪口和炮口，致使说出的话像子弹和炮弹一样伤人。

◎语气要和缓

高铁上，一位大姐打算把行李放在行李架上，因为空间不够便想挪一下旁边的一个包裹（这个包裹的另一边有空余的地方）。大姐很客气地问："这是谁的包裹，可不可以挪一挪，我放下行李，谢谢。"后座上站起一个小伙子，张口就说："怎么地，我包怎么了，放那挺好的。"乘务员恰好走过来，也希望那个小伙子把包挪一挪，他则说："我的包碍你们什么事了，为什么要挪，你们想干吗？"

这件事还引发了一次小冲突，最后大姐的行李也放到了行李架上。虽然事情顺利解决了，但小伙子像吃了炸药一样的语气着实令人印象深刻，他对待别人的强硬语气在很多时候会因为别人的退让而得逞，但总会遭遇不被忍让的时候，他未来的人生存在着可以预见的艰难险阻。

## 交谈不是比赛，别急着抢答

交谈是人际交往的一种方式，只有交谈者彼此感到舒服，交际才能继续下去。也就是说，交谈更像是一种无形的工具，恰到好处地为交际服务。但在现实中，很多人搞反了交谈和交际的关系，将交际作为衬托交谈的平台，交际的目的就是让自己能够尽可能地展现交谈的能力。于是，口吐莲花、口若悬河等成为人们追逐的目标。他们认为在一场交谈中，如果自己不能展现出高别人一筹的交谈能力，就等于交际失败。因此，现实中的很多交谈都像是知识竞赛。

某考察团去一家汽车制造企业考察，组装部的车间主任带大家参观汽车零部件的组装过程。经过一间仪表控制室的时候，有一个仪表盘的两个红色指示灯一闪一闪地亮着，一位考察团成员问车间主任这是怎么回事，车间主任笑了笑说："这个是仪表盘的指示灯，等液体达到临界点时，它就不会闪了。"正在大家恍然大悟之时，车间主任身旁的助手插话说："不是的，这两个灯坏了，所以一直闪。"

话音一落，车间主任的表情变得十分不自然，似笑非笑，面部僵硬。

后来该企业经过内部调查搞明白了这件事，原来车间主任并非不知道是这俩灯坏了，但是恰逢考察团考察，如果说实话怕引起大家对企业的不良印象，而且这是一件很小的事情，不会对企业装配和使用功能造成任何影响，那位主任就想搪塞过去。没想到助手想要展示一下自己的专业能力，给当场揭穿了。

交谈不是竞赛，没有必要靠抢答展现个人实力。因此，在谈话中默认别人不影响大局的错误，或者在对方卡在某个知识点时给予提示，都远比抢答更有助于提升个人形象。

很显然，时刻希望彰显自己的心态一定是受常规思维支配的，但将自己的"胜利"建立在别人"失败"的基础上，如此建立起的个人形象又能有多好呢。应该放弃这种每谈必争的心态，运用逆向思维好好想一想怎样才是真正建立起好的个人形象。一定是与人为善的，一定是平和豁达的，一定是团结和谐的。

鉴于在交谈时很容易引起的"个人英雄主义"情节，下面列出交谈时必须要注意的几个问题：

◎**交谈不是知识竞赛**

与别人交谈时，不是比拼谁的知识量更丰富，更不是要争个输赢胜负，而是要寻求交谈双方共同的目的，建立双方未来能持续相处的情感纽带。与人交谈就是与人沟通，一定是通过"沟"达到"通"，而不是通过压制对方把话聊到死角。

## ◎交谈不是口齿角逐

与别人交谈时，并非总能和风细雨，有时也会发生争辩。争辩得当会产生增进交谈双方相互了解的作用，争辩若不得当则会引发交谈双方彼此疏远。导致争辩不得当的最大因素就是带着胜负心去争，为了一口气一较高下。这不是沟通，这是炫耀谁比谁能说，谁比谁厉害。斗智斗勇的口齿角逐后，双方的感情也将就此落幕。因此，不论你是否赢得争辩，都一定会输了感情。

## ◎交谈不是反应比拼

与人交谈时，不要总想着炫耀自己的反应能力，在别人讲话时自己"及时"地插上一句，以衬托自己强于对方。然后怎么样呢？或者引来对方的强势反击，或者对方无力反驳但心生埋怨。无论是哪一种，都属于得不偿失，只是逞了一句口舌之快而已。

# "逐客令"也能说得美妙动听

逐客令，原指战国时期秦王嬴政下令驱逐从各国来的客卿的命令，后指主人赶走不受欢迎的客人。

有朋自远方来，肯定是不亦乐乎的。酒逢知己千杯少，仿佛有说不完的话。但在这个世界上，能相互成为朋友是非常珍贵的，多数人则是"道不同不相为谋"。还有一种情况就令人唏嘘了，曾经的好友，因为各种原因情感不在，变得陌生了，后来就真的陌生了。

无论是哪一种"道不同"的路人，都将面临话不投机的局面，抛开工作和生意接触，就真的没什么话可说了。但现实却偏偏会制造机会让"道不同"的人凑在一起，该如何表达自己的想法呢？是强忍内心痛苦，"舍命陪君子"？还是直接告诉对方言语不和，然后自行消失？

这两种方法要么对自己残酷，要么对对方残酷。如果你以常规思维去解决这种局面，那么就只能二者取其一了。更多的人会因为面子考虑选择对自己残酷，但这本是不应该出现的"委屈"。另一些人会选择对别人残酷。其实，别人只是和你"道不同"，又没有伤害你，你却先伤害了别人，是不是也欠妥呢？

论述到了这里，好像这个问题无解了。因为，常规思维下的常规方法只有这两种，都要"逐客"了，一定会有人受到伤害。但是，如果用逆向思维解决这个问题，局面就完全不一样了。在逆向思维指引下，我们可以采用和风细雨的、合情合理的，甚至是热情洋溢的"逐客"方式。下面就来看看具体的方法。

◎和风细雨中带着一点凉意

正常情况下，当一个人不愿意听别人说话时，对方是能够察觉的，会主动停止交谈，然后找借口离开。但有些人只顾口若悬河，不善察言观色，这时也不必恼火，只需要和气地说出自己的意见，但可以稍稍带一点犀利感，让对方自己知进退。

一位邻居到你家拜访，兴致勃勃地讲述其创业中的各种不易，你并不感兴趣，应该如何制止对方呢？你可以心平气和地说："我女儿今天有辅导课，一会儿辅导老师就来了，我们今天先聊到这里吧。"你都这样说了,对方就是再不知趣也得离开了。

### ◎合情合理中带着一点委婉

一位认识多年的同事到你家拜访,他喋喋不休地说着在公司里的各种不公遭遇,你不想卷进"办公室政治"的旋涡,该如何让对方收口并离开呢?你可以说:"你说的我不喜欢听,你应该走了。"或者:"天色不早了,你该回去了。"或者:"今天先聊到这里吧,我晚上要写策划案,你先回去吧!"或者:"今天先聊到这里吧,我晚上要写策划案,非常关键,我也得努力工作才能保住饭碗啊!"

以上四种逐客的方式,第一种最差,伤害了对方尊严;第二种找了逐客的理由,但很敷衍,同样会让对方觉得没有面子;第三种以工作为借口,但显得不够委婉;第四种最得体,既有理由,也顺着对方的情绪抒发了一下自己的情感,既不让对方感觉尴尬,还能明白你的意思。

### ◎热情洋溢中带着一点无措

如果来访者是一位比较识大体的朋友,但你确实有急事又不好说出口,就可以打出"贵宾"牌,即把对方当"贵宾"一样招待。比如:热情地挽留对方在家里吃饭,并要出去买酒菜招待。但你不要表现得井井有条,而是要有一些手足无措感,让对方感觉自己的拜访打乱了你的生活,对方就会觉得不适应,通常就会匆匆告辞。

实际上,热情的另一面就是冷漠,这是生活的辩证法。以热情待人,既能让对方明白你的用心,还不失礼仪。

## 事情没办好，也要表达谢意

事情做得好，所有参与者都能皆大欢喜地接受，各种溢美之词都可言表。但是，若是事情办得不好，参与者们就难有心情寒暄了，甚至还会斥责主要办事者。被斥责者即便心里难过也不能表达，谁让自己没办好事情呢。

上面这段描述，大家应该都不陌生，毕竟每个人的生活与工作中，都可能出现办不好事情的时候，有时是别人没有办好，有时是自己没有办好。每当出现这种情况，气氛总会非常压抑，斥责别人的人和接受斥责的人，其实都不好过。趋利避害是人类的天性，没有人喜欢事情未能办好的结果。但这种情况又是无法避免的，再厉害的人也会有"失手"的时候。那么，面对事情没办好的局面，作为参与者应该如何做才是正确的呢？

我们先来看一个历史故事。

秦孝公即位时，鉴于秦国异常疲弱的现状，决定出榜招贤，变法图强。在魏国郁郁不得志的商鞅看到了秦国的招贤令，决定前去一试。商鞅抵达秦国后，先结识了秦孝公的宠臣景监，并让景监稍微领略了一下他的才华。景监看出了商鞅有大才，应该是秦孝公要找的人，于是为商鞅引荐。

商鞅第一次见到秦孝公，却并不阐述自己的法家思想，而是抛出了"五帝之道"，劝说秦孝公无为而治。秦孝公根本听不进去，就让商鞅离开了。但秦孝公没有责怪景监，而是肯定了其为国招贤的一片真心，希望继续引荐贤人。景监推荐的还是商鞅，他告诉秦孝公商鞅和自己说过一点强国之道，但商鞅之才不止这些，希望国君能再见一次商鞅。

商鞅第二次见到秦孝公，所说的还不是法家思想，而是以"王道"劝说秦孝公，以德治国，施行仁政。秦孝公自然听不进去，又让商鞅离开了。这一次秦孝公告诫景监，要为国推荐真贤人，不是这种耍嘴皮子的。景监说商鞅这么做一定有他的理由，期望秦孝公不要错过贤人，恳请再召见一次。

商鞅第三次见到秦孝公，心里有了底，知道秦孝公要的就是强国之道，于是他说出了自己的法家思想，劝说秦孝公要在秦国展开彻底的变法。这一次，君臣二人畅谈了三天三夜，定下了变法大计。

如今我们都知道商鞅这样做是在"择主而事"，他的才华要在最适合的舞台上展露。我们讲这个故事不是讨论商鞅的谋略，而是看看秦孝公对景监的态度。作为一个国君，臣子连续两次向自己推荐了"不称心"的人，不仅占用了自己的时间，还伤害了自己求贤若渴的诚心，这种情况下，即便是宠臣，命运也会岌岌可危。但秦孝公却从头至尾都未责罚景监，还肯定了他的忠心，并鼓励他继续为国招贤。如果不是秦孝公的大度，恐怕景监也不敢接二连三地推荐商鞅，那么秦国极有可能会错过商鞅，秦国持续衰弱的国运走向基本可以预见了。

秦孝公是具有大胸怀的人，同时也是具有高超逆向思维能力的人，他能从不寻常的事情中嗅到有利于自己的气息。他懂得以退为进，放下国君的架子，以真诚对待真心为秦国谋利益的人。

事情没办好，通常办事之人都会心怀歉意，其他人要做的是表达谢意，毕竟人家没有功劳，还有苦劳呢。

如果是求人办事，对方没有将事情办好，也必须感谢对方，可以说："虽然事情没有圆满解决，但还是要谢谢你，能在我有困难的时候帮助我。"

如果是与人共事，对方没有将事情办好，也需要感谢对方，可以说："我知道事情不好办，也知道您已经尽力了，这段时间辛苦了，未来的事情我们一起努力。"

如果是遣人办事，对方没有将事情办好，这是最不容易体现度量的情况，因为办事之人是自己的下属，但越是在这种时候，越不能以上压下，要理解办事之人的不易，也要肯定办事之人的用心。可以说："事情虽然没办成，但你尽力了，这是应该肯定的。自己总结经验，调整方法，将来再遇到这类情况，就会从容应对，提升成功率了。"

总之，无论办事之人和自己分别处于怎样的位置上，面对为自己办事的人，即便没有办成或办得不好，都要表达谢意，让对方放下没有办好事情的芥蒂。

◆

# 第 11 章

# 灵活变通

## 不想出局就要做到圆融处世

---

太刚则折，太柔则靡。为人处世之道，贵在刚柔并济。一个人性子太急、说话太刚、办事太较真，就会处处得罪人，哪里都行不通。在逆向思维的引导下，掌握圆融处世的技巧，该变通时且变通，就容易在人生博弈中有更多胜算。

---

## 太较真，会把局面搞砸

A 和 B 决定合伙开一间酒吧，两人约定周一上午筹划酒吧风格。前一晚有英超和西甲的比赛，A 是切尔西球迷，球队比赛赢了，他非常兴奋。B 是皇马的球迷，球队也赢了球，情绪也很激动。两人都迫不及待地想宣泄自己的兴奋与喜悦。

A 说："昨晚切尔西赢了，落后两球逆转，太牛了。"

B 说："皇马才厉害，轻轻松松就收了比赛。"

A 说："图赫尔还是有水平，才接手几天，球队的进攻和防守就被调教得有模有样了。"

B 说："皇马的几个年轻人太强了，提前买真的赚大了，我看本赛季皇马至少拿两冠。"

A 说："西甲有什么意思啊，二人转一样，其他球队也没有竞争力。"

B 说："英超看着热闹，对比皇马都是弟弟，就是菜鸡互啄。"

A 不再说话了，球迷各自喜欢自己的球队，这个没有办法改变，也辩不出个高低。但 B 看到 A 不说话了，以为自己占了上风，开始大谈特谈皇马如何强，西甲如何是第一联赛……

回到家后，A 开始认真思考与 B 合伙的事情，他觉得两人开的是酒吧，主要经营对象定位为球迷，球迷一定各有支持的球队，如果 B 总是一谈到足球就不依不饶地强调自己支持的球队，时间长了球迷也会感到厌烦的。正在他思考之时，B 的几条微信发了过来，内容都是"证明"皇马和西甲的，这一下坚定了 A 撤销合伙的决心。

本来只是个人爱好的讨论而已，却因为其中一方过于较真，让事情的性质发生了转变，将原本很好的合伙局面搞砸了。从普通论述，变为了有输赢的辩论，虽然 A 并未参与辩论，但 B 单方面地将事情升级为辩论了。

较真是一个中性词，用在正确的地方是褒义词，用在错误的地方是贬义词。如果形容某人在做一件值得的事情时有较真精神，说明这人做事认真负责；如果形容某人在做一件不值得的事情时只顾较真，说明这人的思维和认知比较顽固。

当惯性思维成为内心的主导，负面的较真就会随时占据大脑，因为常规会主导我们去为"对"与"错"进行争辩。一旦争辩开始，大脑将迅速被争辩占据，无暇思考为什么要争辩，是否有必要进行争辩，不争辩又能怎样。

因此，我们才极力建议一定要多采用逆向思维，从不争辩会怎样开始思考，就会很清楚是否有必要进行争辩。如果能够清醒辨识出根本没有必要争辩，自然也就失去了继续较真的必要。

对于克服较真心理而言，惯性思维和逆向思维的差异在于切入点不同，一个是线性思维从前切入向后思考，一个是反向思维从后切入向前思考。思维顺序的不同，能够让我们更清楚地看到事物的本质，不被事物的表象所迷惑。

## 让人没面子，吃亏的是自己

中国人历来对自己的面子问题非常重视，从古语的"士可杀不可辱"到当代俗话的"人活一张脸，树活一层皮"，说的都是面子那点事。只不过古代人用优美的辞藻将"要面子"说得如天高、如地厚，现代人则更讲求实际，说得也更加入骨。

既然每个人都把面子看得很重要，就一定不希望自己丢了面子。有太多的人为了保住或者挽救自己的面子，甚至做出一些匪夷所思的事情。

导致一个人丢掉面子的常见方式是什么呢？一种是自己造成的，但其实经常"自毁"的人并不多，有也是偶尔出现。更常见的是来自别人的嘴巴，因为人们总是渴望展现自己的能力，如果自己真有能力则另当别论，多数人的能力并未达到可以展现的程度，因此只能靠通过贬低他人来抬高自己。如此一来，自己是获得了面子，而别人则会失去面子。

人性的弱点，导致人在主观意识上偏爱损人利己，但道德、素质都在约束我们不能做损人利己的事情。因此，在与面子做斗争方面，一定不能沿着常规思维的路子走，不能只顾自己的面子，而去伤害别人的面子。还是那句话，每个人都很在乎自己的面子，让别人丢了面子，别人一定会奋起反抗，至于反抗的程度，要看别人的手段和心态了。

某业内知名的大型广告公司招聘文案和项目经理。A 接到通知来复试文案，各方面还都不错，公司人事让她回去听消息，说如果没问题第二天就能通知她是否录用。第二天上午，B 接到通知来初试项目经理，公司人事看到 B 任职的前一家公司和 A 相同，就顺便问了一下 B 是否认识 A，以及工作上的交流。B 被这突如其来的"展现机会"惊喜到了，因为在原公司她曾经短暂地带过 A 一段时间，便立即回答："我认识 A，原来指导过她，她的能力一般吧。"

公司人事听到 B 的这个回答有些不太舒服，因为 A 已经通过该公司两轮面试了，各方面都不错，今天正准备通知她被录用呢。B 这样一说，他们心里多少也有点打鼓，但依然给 A 打了电话。电话中公司人事没有先说明录用问题，而是聊了公司的一些情况，然后很自然地衔接到招聘情况，提到面试了 A 的前同事 B，并询问 A 对 B 的印象。A 是这样回答的："在原公司 B 是我的上司，曾经带过我，对我的工作能力提升和快速适应公司文化有很大帮助，我非常感谢她。"

公司人事听到 A 这样回答，知道公司没有选错人，当即告知她被录用了，很快就会发录用通知。而对于 B 则不再考虑了，虽然 B 的能力足以胜任该公司的项目经理职位。

A 和 B 面对同样的事情，给出了完全相反的答案。A 是抬高别人的同时抬高自己；B 则是贬低别人的同时抬高自己。两个人的整体素养高下立判，公司当然不会雇佣 B 这样的人。

我们在肯定 A 的个人素养的同时，也要看到她不一般的逆向思维能力，她非常清楚靠贬低别人抬高自己只是一种短期行为，如果长期以此示人，将给自己带来巨大的不利。但现实中，有些人总是喜欢故意设置台阶，以拉踩的方式凸显自己的优越感。殊不知，这样做只能起到相反的效果，即抬高了别人，贬损了自己。

## "以德报怨" 赢得人心

纳尔逊·佩尔茨是纽约的亿万富翁，拥有多处房产，其中一处乡间的豪华庄园因为不常居住，时而被盗贼光顾。作为应对，佩尔茨雇人在庄园四周筑起了高高的围墙，还装上了防盗装置。本以为这次会万无一失了，没想到在一年的春天，几个孩子因为好奇居然绕开了防盗装置，翻墙进入了庄园。孩子们在里边玩了一整天，踩坏了一些花草，还打碎了几块玻璃。直到被外出回来的看守庄园的人发现，孩子们才被赶了出来。

守园人将情况向佩尔茨作了汇报，建议要追究这些孩子的责任，让监护人赔偿损失。佩尔茨的女儿听到了这件事后，建议父亲将新建的围墙拆了。佩尔茨说："那样岂不是成全了那些坏人和坏孩子吗?"女儿说："可是围墙也并未起到什么作用啊，连几个孩子都轻易进得去。"佩尔茨听从了女儿的建议，命人拆除了围墙。附近的孩子们听说佩尔茨家不追究了，还拆了围墙，高兴极了，并且听说佩尔茨邀请他们可以随便在庄园里种下自己喜欢的花。这样一来整个庄园成了受附近人喜欢的场所。

一天夜里，一伙盗贼进入庄园行窃，被一位附近居民发现了，立即通知其他人，大家一起将盗贼全部抓获。从此，这个庄园就被周围人自发保护起来，因为里边有孩子们亲手种下的花。

现代化的安保系统都未能做到的事，被人心做到了。当佩尔茨决定不追究的那一刻，当佩尔茨决定开放庄园的那一刻，当佩尔茨决定用心接纳他人的那一刻，他的庄园就已经非常安全了，大家要守护的不仅是庄园里孩子们种下的花，更有佩尔茨一家的与人为善和以德报怨。

我们都听过"以德报怨，何以报德"这句话，这是孔子两千多年前告诉我们的道理。确实有道理，自己的正直之心是要留给具有同样道德水准的人，而不是随便施舍。我们建议在常规思维模式下，一定要坚守"以直报怨，以德报德"。

凡事都有两面性，不是所有的"怨"都必须以"直"去报，虽然不建议以"怨"报"怨"，但对于有些"怨"却应该以"德"去报。就像本节案例中的佩尔茨父女，他们知道"怨"的对象只是一群孩子，且目的不坏，犯的错误也不大，不需要用强硬方式去伤害天真的童心。类似此种情况就必须"以德报怨"，用自己的善心、善意和善行去赢得人心。

人生在世，需要方圆结合，做到方圆有道。如果说常规思维是"方"的代表，那么逆向思维就是"圆"的代言。方是做人之本，圆是处世之道。做人，要有脊梁、有血性、有气度，但又不可以墨守成规，拘泥于形式。做事，要合乎原则、合乎潮流，但又要灵活变通，不固执己见。方外有圆，圆中有方，方圆合一，才是成功之道。

## 不要表现得比别人更聪明

颗粒饱满的谷穗总是朝向地面，支撑它们的麦秆都被压得很弯，而干瘪的谷穗总是高傲地朝向天空，一副盛气凌人的样子。

谷穗的状态如同人生，一个有真本事的人，总是表现得谦虚低调，一个有大智慧的人，也总是表现得大智若愚。这样的人能主动自我深埋，不断自我充实，以平常心看待世间潮起潮落。

低调者最大的境界是谦虚谨慎，让自己具有涵养和修为，让头脑保持冷静和敏锐。低调是在坚信自己力量的同时，又不表现出比别人聪明、比别人更强，只在为顺利打通成功之路创造条件。正如英国政治家查士德·斐尔爵士对他的儿子所说的："要比别人聪明——如果可能的话，却不要告诉别人你比他聪明。"

如果有人说了一句你认为错误的话，在非必要的情况下，不要刻意去纠正别人；如果别人做了一件很失败的事，在非必要的情况下，也不要去揭人家的伤疤。即便自己比对方有更高的身份，也没必要处处压其一头。将"更聪明"的机会让给别人，自己也不会损失什么，反而会为自己的厚积薄发打下基础。

所谓"木秀于林，风必摧之；堆出于岸，流必湍之；行高于人，众必非之"，只要你有超越他人的才华，就会招来他人的"另眼相看"。因此，在自己尚未准备好之前，在机会未成熟之前，在没有必胜的把握之前，是不可以轻易暴露自己的能量的。

　　唐宣宗李忱堪称中国历史上最能韬光养晦的皇帝，他出生的时代已经是唐朝后期了，外朝藩镇割据，内朝宦官专权，皇帝的权威越来越弱。他的侄子唐敬宗李湛被宦官所杀，唐文宗李昂被宦官囚禁至去世。在他们另一个侄子唐武宗李炎去世后，宦官集团想要拥立一个可以任由他们摆布的傀儡皇帝，便选中了皇叔辈的李忱，时年 36 岁的李忱自幼就表现得痴痴呆呆，众人皆认为其"不慧"，即不聪明。在文宗和武宗两朝，皇帝经常在宴饮集会之时强逼他说话，以此为乐，因其木讷不能言，戏称其为"光叔"。

　　这样一位被认为天生"不慧"的皇叔，也是"十六宅"里最让人放心的皇叔，是宦官们最中意的人选。却不料，登基后的宣宗忽然与之前判若两人，朝堂之上宣宗如同一位在位多年的英明天子，神色威严，睿智果断，言语不凡，决断政务有条不紊。朝臣与宦官皆愕然，惊在当场，仿若梦中。

　　如果你以常规思维与他人争强而频频失利时，应该思考自己是否用力过度，不懂得示弱，是否应该将心态归零，韬光养晦，重新上路；如果你以常规思维与他人争强而频频获胜时，要想一想他人的处境，是否该暂停脚步，为他人腾出一片休憩、喘息的空间，不让自己的荣耀成为盘踞在他人心中的阴影。

　　才高而不自谕，位高而不自傲，道理很清楚，做到的人却不多。因为我们都在用常规思维驱使自己惯性前行，却忘记了应该刹车缓一缓，应该回头梳理不足之处，应该以更多的应变解决被忽视的遗留问题。

因此我们说，善于示弱不仅可以保护自己，还能让自己在暗中积蓄力量，在不显山不露水之中成就伟业。低调的人，让对手暂时占据先机，可以任由风浪起而稳坐钓鱼台。他们不是没有雄心，恰恰因为他们雄心万丈，才不会将自己轻易暴露在敌人的射程范围之内。

示弱的人，总是不骄不躁，潜行于世。示弱既是一种策略，也是一种姿态，更是一种风度、一种胸襟。

## 相悦定律：喜欢是一个互逆过程

对于喜欢别人和被别人喜欢，正向思维和逆向思维的理解是完全不同的，更像是来自两个世界的概念。

正向思维的人对待他人的态度是：要先确定别人喜欢我，我才喜欢别人，因为喜欢是相互的，别人如果不喜欢我，我喜欢别人又有什么用呢。

逆向思维的人对待他人的态度是：要想让别人喜欢我，我应该先喜欢别人，因为喜欢是相互的，如果我不喜欢别人，别人怎么可能喜欢我呢。

心理学的研究表明，通常我们喜欢的人，是那些也喜欢我们的人。反过来也同样成立，通常喜欢我们的人，也是我们喜欢的人。但前者自己是被喜欢的一方，后者自己是喜欢的一方。虽然不能用主动和被动来解释这种关系，但显然如果希望别人也喜欢我们，我们应该也喜欢别人，我们不能掌握别人是否会喜欢我们，但可以掌握自己是否喜欢别人。

有时，我们喜欢别人后，别人却并不喜欢我们，这是别人的权利。现实中也存在这样的情况，尤其是暗恋，一方喜欢另一方很久了，而另一方却不知或没有回应。这种没有得到回应的单方的喜欢是可以停止的，但我们也可以通过主动经营得到明确的答案。

我们为什么会喜欢那些也喜欢我们的人呢？因为喜欢我们的人能使我们体验到愉快的情绪，一想到他们，就会想起和他们交往时所拥有的快乐，自然就有了好心情。更为重要的是，那些喜欢我们的人能使我们感受到被尊重，因为他人的喜欢，就是对自己的肯定、赏识，表明自己对他人或者对社会是有价值的。

正因为每个人都喜欢和喜欢自己的人相处，因此，决定一个人是否喜欢另一个人的主要原因是另一个人是否也喜欢他。只有传递出自己喜欢别人，别人才有可能发现被你喜欢的信息，从而识别你、找到你、喜欢你。

你喜欢别人，希望别人也喜欢你，喜欢与你相处。相悦在日常生活中数不胜数，但真正能感受到其中含义的人并不多。下面，我们阐述两种建立相悦关系的最简单也最实用的方法。

◎真诚地赞美别人

让别人喜欢你，你需要先喜欢别人，而喜欢别人的最好表现是尊重他人、认可他人和真正赞美他人。换句话说，你需要让别人知道你喜欢他。

当然，在我们尽最大努力赞美他人以获得他人的友谊之前，我们需要明白一些"赞美"可能并不会引起对方的喜欢。我们将这样的"赞美"打上引号，就说明不是真正的赞美，而是恭维。当别人怀疑我们说漂亮话是为了恭维他时，他就不会喜欢我们。

### ◎真诚地肯定别人

我们应该尽可能多地说别人喜欢听的话，但这并不是让我们故意恭维对方，而是用真心去发现别人的优点，并真诚地表达我们的欣赏和喜欢。

发现别人的优点，就等于找到了别人感兴趣的话题，让他感受到你对他的关心和爱。因为每个人都非常渴望得到他人的认可、关注、欣赏和赞扬。正如成功大师戴尔·卡耐基所说：屠夫、面包师甚至王位上的皇帝都喜欢别人对他们表现出善意。所有人都没有能力抵抗美丽的话语。

## 宽容带给你无穷的力量

能容天下者，天下必能容之。

宽容是一种修为，是一种德行，是一种境界。宽容不是对别人的施舍，而是对自己的恩赐。为人在世，必须懂得宽容他人，宽容他人的无礼、宽容他人的藐视、宽容他人的过错、宽容他人的一切。

要宽容别人，就意味着在某些时候需要委屈自己。佛说"大肚能容天下难容之事"，便是告诫我们要常怀宽容心。"地不畏其低，方能聚水成海；人不畏其低，方能浮众成王。"这是老祖宗留给我们的智慧，同样告诫我们要懂得宽容。

但是，只要提到宽容，就总会跟软弱或失败联系在一起，这是因为长久以来的惯性思维告诉我们的，成功是对别人施压的状态，宽容则是别人压制自己。但是，被压制就一定是软弱和失败的吗？就像战场上，佯装败仗就是怯阵，迂回敌后就是逃跑吗？有一种失败叫占领，有一种胜利叫撤退。逆向思维下的宽容从来不同于软弱和失败，反而等于成功。

面对常人难以忍受的胯下之辱，韩信没有选择报复，而是选择了平静地接受，又在自己功成名就后当面原谅了那个人。能说韩信软弱吗？只有强者敢于不畏耻辱，强者并不一定要时时处处都表现出强势。

鸿门宴上，暗藏杀机，剑拔弩张，刘邦为了保存自己，向项羽下跪，虽然表面的强弱在此时已分，但刘邦心里清楚，这只是权宜之计。张良对刘邦说："汉王这一跪，不仅让项羽打消了猜忌，还跪出了汉家的万里江山。"当刘邦一统天下，而项羽拔剑自刎时，谁能说刘邦是失败者。

宽容别人对自己的不屑，弯下腰，低下头，承认自己的不足之处，这才是勇者的行为。当自己需要积蓄力量时，能够潜下心来，安心完成积累过程，才是强者的作风。当需要自降身份向对手示弱时，可以不顾外界嘲笑，顶住外界的压力，甘心扮演弱者，这才是王者之风。

宽容者具有平和谦虚的心态，他们不争强斗胜，不苛求别人，不抱怨自己。正如《菜根谭》中所言：径路窄处，留一步与人行；滋味浓的，减三分让人尝。不要小看这"留一步"和"减三分"，这就是宽容。

人生的起与落、升与降、沉与浮、成与败，都取决于是否拥有一颗宽容的心。做人需要宽容，拥有宽容心的人值得我们敬佩、欣赏，因为他们拥有智者的风度、贤者的修养、勇者的谋略、强者的胸襟。

宽容是一种思想的修养，是人生在世最不可或缺的美德。

宽容是一种高贵的品质，是精神上的成熟，是心灵上的丰盈。

宽容是一种非凡的气度，是"海纳百川，有容乃大"的博大胸襟。

宽容是一种持久的幸福，是释怀别人的过错，也是善待自己的心灵。

| 第 12 章 |

◆

# 转换思路

## 主动跨越人际交往的误区

---

　　有能力的人做事，有本事的人做势，有智慧的人做局。在人际交往中，我们首先要学的不是技巧，而是布局。正所谓"思维决定出路"，当眼前的路行不通时，我们要善于逆向思考，主动转换思路，从而跨越不可能。

---

## 让他人感受到你很重要

对他人来说，你是一个很重要的人吗？如果你能让身边的人觉得你很重要，那么你就会变得不可或缺。在获得他人肯定的同时，你也能够收获更多的友情，这就是转换思路的结果。

许多时候，你陷入茫然，觉得无助，羡慕身边有众多朋友的人，羡慕他们的喜悦。为何你形单影只，一个重要的原因是你在他人心里可有可无。如果你能转换思维意识到这一点，那么就找到了改变现状的有效方法。你可以改变自己在他人心目中的地位或作用，从而令双方的关系随之改善。

一位杰出人士曾介绍自己融入社区大家庭的经历。他们家刚搬到陌生的社区时，无人问津，没有人主动跟他们打招呼，这令他们陷入了极为尴尬的境况。为了缓解局面，他建议妻子时不时地向邻居借用一些小东西，如少量的咖啡、肥皂、面粉等。通过"你借我还"的方式，理所当然地与对方熟悉起来，并建立了友谊。久而久之，他们缓解了尴尬局面，让彼此都变得重要起来。

当你开始注意到他人的存在时，别人也感受到了你的存在。约翰·杜威曾说："人类本性中最深层的渴望，就是试图让自己变得重要。"威廉·詹姆士也曾经说："人类本性中最深的渴望就是被别人欣赏。"

邮局里的工作枯燥而单调，让许多人感到无聊乏味。有一天，H

去寄一封挂号信，碰巧当天寄东西的人特别多，大家在排队。他看到一位工作人员已经非常不耐烦了，嘴里不停地唠叨着："你们的邮票贴得歪歪扭扭，字迹又如此潦草，这样做不方便投递。"

马上要轮到 H 了，他意识到自己不能被他人冷落，否则会影响自己一天的心情，一定要找到一件非常有意思的事情，让自己得到外界的赞赏。这时候，他发现那位工作人员的头发乌黑浓密，于是准备以此为契机，给予对方赞美。

当那位工作人员拿过 H 的信件，并准备称重的时候，H 很热情地说："你的头发真好！我真希望像你一样拥有乌黑浓密的头发。"那位工作人员听到这句话，立刻抬起头，笑着说："是吗？我的头发现在也没有以前那么好了。"H 接着说："我很确定地告诉你，即使现在看起来不如从前那么好，但是单就光泽度而言，也是非常让人羡慕的。"就这样，H 在愉快的聊天中完成了邮寄，得到了自己想要的结果。而那位工作人员也感受到了幸福。

生活中，无论你从事什么职业，只要意识到自己对于他人的重要性，给自己寻找一个表现自我的机会，并付诸行动，久而久之你会得到更多赞赏。在人类的本性中，隐藏最深的就是渴望得到他人的重视，每个人都要牢记这一点。

## ◎始终与人为善，发现对方的优点

无论遇到什么麻烦，都要保持微笑，以亲和的态度与每个人打交道，自然容易建立友谊。如果你能发现身边人的优点，则有助于在人际吸引的作用下拉近双方的心理距离。

◎任何时候都心存感激

任何一件事情都是值得的，秉持感激之心做好每件事情，感谢他人，也感谢自己，这样他人才意识到你的重要。拥有一颗感恩的心，对外界始终保持友善的态度，你会处处受欢迎。

## 站在对方的立场看问题

生活中，我们经常会固守自己的想法，习惯站在自己的立场看问题。转换一下思路，尝试着站在对方的角度衡量双方的关系，许多问题都会想明白。

设身处地为他人着想，做到换位思考，实际上是秉持理解至上的态度处理生活中的难题。视角变了，观察到的结果也会不一样，如此一来就容易理解对方的诉求、立场，不再为一些无关紧要的事情耿耿于怀，进而收获更多的友情。

杰克经常到离家不远的森林公园里散步。那里树木浓密，每年都会有山火发生。这些火灾除了由乱丢烟蒂引起，还与人在公园里烧烤有很大关系。尽管公园在显眼的位置安装了告示牌，也有巡查人员执勤，但是仍然有人在树下生火烧烤。对此，杰克非常生气。

看不惯那些烧烤的年轻人，杰克多次冲到众人面前，警告他们在公园里生火会被罚款，甚至被警察逮捕。杰克居高临下地命令他们灭火，对方不顺从，他就以报警相威胁。那时候，杰克毫无顾忌地发泄内心的不满，从未想过对方的感受。

结果，这些年轻人确实灭了火，却是不情愿屈服。等杰克离开之后，他们就重新点火，继续烧烤。

随着年龄的增长，杰克对人性有了更多了解，也掌握了一些沟通技巧，逐渐明白了站在对方角度考虑问题的重要性。后来，他再也不颐指气使地下命令，而是耐心与他人交流："孩子们，玩得愉快吗？老实说，我小时候也特别喜欢玩火，现在也喜欢。可是你们要知道，在这里玩火很危险。我知道你们不是故意搞破坏，但是有一些坏孩子就不像你们这么小心了。他们看到你们生了一堆火，他们也生起一堆火，但是他们回家的时候却没有把火扑灭。结果，周围的树叶被烧着了，接着大树也被烧着了。孩子们，你们难道愿意所有的树木都被烧毁吗？你们是否愿意在山那边的沙坑里生火呢？那样就不会造成破坏了。好了孩子们，祝你们玩得愉快。"

这番话没有指责，但是效果却很好，孩子们很乐意合作。他们感觉得到了尊重，保住了面子，因此听从了建议，不在公园里生火了。这是因为杰克顾及了他们的感受，站在他们的立场考虑问题，从而顺利解决了问题。

站在对方的角度思考问题，就会准确找到对方的利益诉求，如果你能满足这一点，双方的关系就会更进一步。转换思路会让自己受益匪浅，为自己的生活带来很多便利。在人际交往中，秉持这条人生准则可以从容应对诸多挑战，从而规避社交误区，在事业上获得成功。

转换思路，想他人所想，是人际交往的金科玉律。如果你坚持这样去做，就会发现任何一件难事都会变得相对容易。

### ◎真诚地倾听对方说出内心需求

你需要保持一颗好奇心，了解对方的立场、感受及想法，知己知彼才能百战百胜。在人际交往中，真诚地倾听对方说出内心需求，无论你能否满足对方，这种态度已经帮你赢得了友谊。

### ◎放弃说教他人的念头和做法

你要学会从他人的角度思考问题，不要把自己的想法强加给他人。无论你的建议多么正确，如果对方不接受，就别固执地进行说教。

## 以退为进，懂得认输的人已经赢了

忍一时风平浪静，退一步海阔天空。为人处世，如果一味地争强好胜，处处与人作对，结果必然是头破血流。人际交往中牵扯到太多人和事，懂得以退为进，是真正的大智慧。

睿智的人不会在沟通中咄咄逼人，不会以凌厉的姿态在言语上压制他人。因为这样做，会激起他人更强烈的语言对抗，进而激化矛盾，最后四面受敌。不彰显自己，不突出自己，说话和风细雨，遇到矛盾和冲突懂得退让，这样的人显然更懂得说话之道。

在公司里，马凯是一名出色的策划人员，经常设计出令人叹为观止的作品。不过，他有一个毛病，喜欢与人辩论。一旦与他人的观点不一致，马凯会竭尽所能说服对方，因此他常常与人发生激烈的争执。

虽然大多数时候马凯都在激辩中取得了胜利，但是没有人愿意和他做朋友，大家也很少主动与他聊天。渐渐地，马凯变得越来越孤单，甚至有人认为他是一个挺讨厌的人，不愿意和他一起做项目。

正常的交流变成激烈的争辩，直至被对方气势凌人地在语言上压制，没有人愿意和这样的人成为朋友。即便马凯能力出众、口才超群，但是他在做人上是失败的，其做事风格是不受欢迎的。

上司也觉得马凯是一个怪胎，虽然很欣赏他的能力，但是大家都不愿意与之合作，后来干脆没有适合他的工作了。因为不会说话，而失去了与人合作的机会，这种代价未免太大了。

人与人之间的价值观存在差异，对同一事物产生分歧在所难免。这个时候，成熟的人懂得聆听他人的意见，并把有价值的部分转化为自己的经验。

无论与人相处，还是进行谈判，都会产生不一致的看法，并希望对方认同自己的见解。出现理解的偏差、观点的对抗，如果沟通之后仍然无法彼此认同，就要及时转换思路，善于以退为进，甚至主动屈就对方。能够做到这一点，表明你做人有格局，情商极高。

人与人之间的较量，不能只看表面上的输赢，更不能为了面子与人争执。围绕着自己的长远目标，追求和睦关系的建立，在求同存异中实现合作，显然是更高明的沟通之道与处世哲学。因此，在沟通中太能说而忽视了他人的感受，最后招致冲突，其实已经败了。

那么，在人际沟通中如何以退为进呢？

◎**学会沟通，懂得退让**

首先学会沟通，学会认输，围绕既定的目标设立一个行动计划。在沟通中，明白对手的需求，并有原则地满足对方，才能达成合作，实现我方利益诉求。

◎**面对冲突，主动后退**

学会化解冲突和矛盾，弯下腰来，明白以退为进的道理，说服自己在认同中完成每一件事情，获得理想的结局。

## 三年学说话，一生学闭嘴

从呱呱坠地到蹒跚学步，一个人用大约三年的时间学会说话，但这只代表学会说话。至于如何说对话，以何种方式说话，则是未来一生的必修课。

生活当中少说多听，大部分人都很难做到，毕竟每个人都想迫切地表达自己的想法。殊不知，口无遮拦说出不合时宜的话，或者表达的时机不对，会带来很多麻烦。在人际交往中，有时候说什么并不重要，关键时刻保持沉默才是上策。

一个真正成熟的人，会在适当的场合知道什么该说，什么不该说，不会毫无顾忌地把自己的想法和意见展现在他人面前。每个人都有自己的生活方式及处世之道，不要轻易地评价他人，也不要恶语相向，这不仅是一个人成熟的表现，也是一种善意的表达。

在销售中，最忌讳不倾听顾客的心理感受，乃至经常打断顾客说话。一位年轻的小伙子从商店买了一件衣服，没穿几天就开始掉色。到了商店之后，小伙子本来想向售货员说清楚事情的具体经过，但是话还没说完，售货员就不停地插话。

一位售货员说道："这并不是卖出去的第一件衣服，之前很多顾客在我们这里买过，并没有出现质量问题，也没人找上门来投诉。"小伙子顿时火冒三丈，双方争执不下。

这时，第二位售货员走过来说道："礼服本来就会褪色呀，我们也没有办法，这种价位的衣服本来就容易出现这样的情况。"小伙子听了瞬间语塞。

这时，经理走过来。他并没有像前面两位售货员那样不耐烦，而是认真听小伙子倾诉。随后，经理主动道歉，并提出一个建议：再穿一个礼拜，如果这套衣服还是褪色，可以拿到店里来想办法解决。

最后，小伙子满意地离开了商店，过了一段时间衣服不再褪色，事情由此得到了完美解决。

试想，如果每个人都像那位经理一样懂得闭嘴，让对方倾诉自己的想法，那么人与人之间的争执、误解与隔阂就会减少很多。

中国古语有言：言多必失。如果一个人总是滔滔不绝地说话，巧舌如簧，那么话说多了总会带来很多不必要的麻烦，也会在无意中暴露自己的弱点。会说话是一门艺术，是日积月累的结果。我们不仅要学会说话，还要学会适时闭嘴。

◎在沟通中学会倾听

会听比会说更重要。与他人交往，首先学会耐心倾听。看看那些高情商的人是如何听别人说话的，并向他们学习，你会受益匪浅。

◎**心情不佳或者局势不明，要闭紧嘴巴**

心情不愉快的时候选择少说话，眼前的局势不明朗时也要闭紧嘴巴。祸从口出，比起会说话，懂得闭嘴显得更可贵。

◎**放慢节奏说话，不易出错**

试着放慢脚步，放低语速，放低姿态，学会好好说话，就能减少犯错的机会。用一生的时间来学会说话，是每个人的必修课。

## 指出对方错误，但要给人面子

良药苦口利于病，忠言逆耳利于行。在日常生活中，我们经常会指出别人的错误和问题，以帮助他人提高自己。需要注意的是，此时要谨慎为妙，要顾忌对方的感受。

没有人愿意接受批评，直截了当、毫不忌讳地说出他人的错误和缺点，往往是一种不礼貌的表现，并且会引起他人的反感，伤害对方的面子和自尊心，最终破坏双方的感情。与人相处的时候，懂得维护他人的面子和自尊心非常重要。给他人留面子，实际上就是在给自己留后路，这样才能赢得信任和友谊。

有一次，拿破仑·希尔与多位朋友一起狩猎。其中有一个人非常骄傲，夸夸其谈，说自己对于狩猎有很多心得。谈到枪械时，他更是扬扬自得，认为自己最懂枪支。对方在陈述狩猎技巧的时候，希尔发现他的话漏洞百出，而且有很多不符合实际。

此时，拿破仑·希尔只想指出对方的错误，于是不假思索地说道："你的许多观点都是错的，没有从实际出发，你这样做其实就是在显摆自己。"那人听完陷入尴尬，顿时火冒三丈。他认为，拿破仑·希尔故意让自己难堪，于是生气地离开了团队。森林里狂蟒野兽很多，这位朋友不久迷失了方向，结果遭到熊的攻击，失去了双腿。

拿破仑·希尔十分懊悔，如果当时没有立刻指出那位朋友的错误，或者说话的时候顾及对方的面子，那么悲剧就不会发生了。事后，虽然拿破仑·希尔登门道歉，想尽办法弥补自己的过失，但是那位朋友永远失去了双腿，此后两人形同陌路。

对他人提出善意的批评，帮助其改正错误，是一件有益的事情。但是，在表达的时候应该有所顾忌，不要让对方无地自容，下不了台。通常，指出对方的错误最好采用委婉的方式，这样对方容易接受，效果也会更好。否则，不但无法帮助对方改正错误，反而影响两个人的关系，那就与初衷背道而驰了。

面子展示了人们一种普遍的心理特性。它代表了一个人的尊严，正所谓"打人不打脸，骂人不揭短"，说的就是这个道理。所以，在指正别人的错误的时候，一定不能伤及对方的脸面，否则费力不讨好。

金无足赤，人无完人。很多时候，我们无法容忍他人犯错，但是大可不必由着自己的性子信口开河。换个思路想一下就会明白，你只要心中有数就可以了，没有必要去做一些让他人下不了台的事情。职场中更是如此，如果看到他人出错就立刻指出来，不顾及场合与对方颜面，势必让自己四面树敌，后期在工作中麻烦不断。

现实生活中没有人喜欢他人批评自己，因为大多时候人们意识不到自己的错误。在指出他人错误的时候，如果方法得当、言语幽默，那么对方不仅更容易接受你的观点，也会极力改正自身的缺点。

你要记住，哪怕是批评，也要给他人面子。

## ◎开口批评人之前控制好情绪

首先要学会控制自己的情绪，更多的时候学会忍耐。如果你在忍耐中能够考虑到对方，顾及对方的面子，那么你的大气和高情商会让自己的人缘越来越好。

## ◎私下提意见更合适

你要学会在私下里用更加委婉的语气提意见，这样对方才能够以更加平和的心态接受你的忠告，这样既能达到自己的目的，也会让他人更加感激你。

## ◎坚持以理服人，并打好感情牌

你要学会以理服人，把握分寸，不要一味地将对方的缺陷视为笑柄，更不能触及对方的底线及敏感区。无论你的建议多么真诚，也要注意点到为止，并适当地打好感情牌，化解批评话语带来的隐形伤害。

## 事情没办好，也要表达谢意

会办事的人无论面对顺境或逆境，都能积极应对各种场面，令人刮目相看。不会办事的人完全不顾他人的感受,总是出口伤人,最终身边的朋友越来越少。

对待朋友和帮助过你的人,多一分理解和善念,口头上给予感谢,这种圆融的处世之道会帮你赢得更多支持,也能在日后某个时刻得到丰厚的回报。时刻怀有一颗感恩的心,多说几句感谢的话,就能处处播撒好人缘。

在气候潮湿、交通不便的山区,一位小学老师默默工作了许多年。后来,他患上了严重的风湿性关节炎,给教书工作带来了很大困难。后来,他写了一份调职报告,委托县教委的一个朋友,请求去县城教书。

当时,这位朋友只是一位科长,对调职一事有心无力,所以最终没有办成。那位小学教师知道朋友已经尽力了,并没有心生埋怨,还带上土特产亲自登门致谢。事情并没有就此结束,以后那位小学老师一有机会就请这个朋友吃饭,念念不忘对方的好处。

结果,这位朋友心里暖暖的,总感觉亏欠他。后来,那位朋友在工作中表现出色,升了职,也顺利把那位小学教师调到了县城。

求人办事不是"一锤子"买卖,达成目标需要持续努力、反复权衡的过程。第一次由于某些原因没把事情办成,下次也许还有机会帮你把事情办好。在上面的故事中,那位小学老师如果急功近利,第一次遭遇失败就对朋友发牢骚,甚至横眉冷对,那么就不会有后来的梦想成真了。

为人处世要遵循一个原则,"买卖不成情意在"。比如,对方努力帮自己办事了，但是由于种种原因没有成功，这时候聪明的人往往会适时表达谢意，绝不说过分的话。这样既维系了原来的友谊，又为日后的交往打下坚实的基础。

### ◎不说太势利的话

没办成事，就不感谢对方，这样做不但让人寒心，甚至连朋友也做不成。以后需要帮助的时候，谁还愿意给你捧场呢？在人际交往中，要坚持"买卖不成情意在"的原则，维持好双方的合作关系、朋友之情。说话太势利，是不会做人的表现，怎么能成大事呢。

### ◎办事要放眼未来

着眼于未来的人，有更多发展机会。说话办事不能只顾眼前利益，不能计较眼前的得失。即使求人不成，甚至遭遇了冷落，也要在口头上留有余地，做到以德报怨。

### ◎周全才是处事的关键

无论事情成功与否，你都表达感谢。有的人想不通，没有及时表达谢意，结果因为缺乏人情味而错失了人生中非常重要的朋友。

◆

# 第 13 章

# 反过来想

## 轻松化解职场棘手难题

弗洛伊德曾说过：人生就像弈棋，一步失误，全盘皆输，这是令人悲哀之事；而且人生还不如弈棋，不可能再来一局，也不能悔棋。面对职场棘手难题，最有效的策略是逆向思考，这样更容易接近事情的真相，从而高效地解决问题。

## 别做"被管理者"，要做"管理者"

一般而言，职业的意义就是借助实现自我价值的工作，创造出非同一般意义的劳动成果。但在现实的职场中，很多人都是简单地满足于埋头苦干，觉得自己只要在工作中尽职尽责，就合格了。其实，这种想法是不对的，埋头苦干只是一种最基本的工作态度，而工作的本质是有成果可以展示。只有你实现了目标，才是真正把工作做到位。而要出成果，绝不是埋头苦干就可以的。

一个机器工厂的首席执行官来到基层进行"走动式管理"。这一天，他碰上了无事可做的李德。他仔细询问缘由，李德解释说："我正在望眼欲穿地等待一位技术员来核准设备，打电话催了好几次，却不见踪影。"

执行官充满疑惑地说："李德，你不会是要告诉我，这台设备你用了 20 年还不知道如何核准？"李德骄傲地说："我闭上眼睛都能核准设备，但这并非我工作范围之内的事情。我的工作就是使用这台设备，向技术员提交问题，修理设备并不是我的工作。"执行官见状，邀请李德到办公室，递给了他一张纸，上面写着一句话：用你的脑子去工作。

李德的故事淋漓尽致地体现了做事不动脑子，必然会大大影响工作效率。对于职场人士而言，要始终坚信自己才是工作的主宰者，不要被简单的问题束缚住手脚。在工作中勤于思考，成为自驱型员工，懂得如何变通，才能迈向卓越，成为公司不可替代的人。

搜狐首席执行官张朝阳说："一个会动脑筋思考的人，总能找准问题的关键，并能全身心地解决问题，在工作中也能游刃有余，高效率地完成任务。由于比别人想问题的方式要快且准，所以他们更容易在竞争中脱颖而出。"成功的秘密其实很简单，开动脑筋想问题，开启智慧解决问题。不论工作有多么繁忙，也要腾出时间来思考，而不是盲目地去拼体力。

那么，我们应该怎样"动脑"，才能更好地完成工作？秘诀就是用管理者的思维去工作。不要把自己当成被管理者，而应把自己当成管理者。

## ◎做工作的主人

正确管理自己的工作，才能成为工作的主人，而不是受限于烦琐的工作。一个人只有认可自己是工作的主人，才会自觉认真地规划工作，并高效率地完成工作。

## ◎培养管理者的意识

不要总是被动地等待上司分配任务，帮你检查工作成果。聪明的人会主动全面地检查自己的工作，看看哪些因素已经限制了自身发展，然后拿出具体的解决方案，向他人寻求帮助，与众人进行沟通并获得认同。通过改善工作流程，改进工作方法和技巧，可以更加高效地实现自我管理。

## 如果找不到解决办法，那就改变问题

如果找不到解决问题的办法，陷入了死胡同，该怎么办？也许有人这样安慰你："放弃吧，下次避免踏入同一条河流。"但善于运用逆向思维的杰出人士却说："如果实在没有解决问题的办法，那何不尝试改变问题？"也许，这就是普通人与杰出人士的差距，后者能跳出思维定式，巧妙运用逆向思维解决问题。

19 世纪 30 年代，一种方便、价廉的圆珠笔在欧洲大陆流行起来，引发了制笔工厂大量生产圆珠笔的热潮。然而没过多久，圆珠笔市场严重萎缩，生产圆珠笔的工厂大量破产。这是因为圆珠笔前端的小圆珠经过长时间书写后，由于摩擦原理而逐渐变小，最终慢慢脱落，从而使得笔芯内的油漏到纸张上，弄得满纸油渍，给书写工作带来很大的麻烦。

为了改变这种不利状况，科学家和工厂设计师做了大量的实验。他们首先将圆珠笔的珠子作为试验对象，用了上千种乃至上万种不同的材质，希望找到最佳的、寿命最长的"圆珠"。最后发现钻石最符合他们的期许，其质地确实坚硬，也不会引发漏油的情况。但是，钻石原料价格太贵，不能达到亲民的水平。因此，解决圆珠笔笔芯漏油的问题便被暂时搁浅。

后来，马塞尔·比希想到了一个解决方案：既然延长"圆珠"的寿命不太现实，那为什么不换个思路，控制油墨的总量呢？于是，他开始做实验，设法找到"圆珠"在书写中所能承载的"最大用油量"，每支笔芯所装的"油"都不超过这个最大限度。经过不懈的努力和付出，他发现当用圆珠笔写到两万个字左右时开始漏油，于是将油的总量控制在一万五六千个字左右。如果超过这个范围，笔芯内就无油可漏，从而有效解决了难题。从此，方便、价廉又卫生的圆珠笔成为最受欢迎的书写工具之一。

找到可替代的"圆珠"不太容易实现，马塞尔·比希便将问题聚焦到控制"最大用油量"上。他突破了固定思维的局限，通过反向思考跳出了问题本身这个"圈子"，从而巧妙解决了原本棘手的问题。这就是逆转思维的魅力。

### ◎主动完成思考升维

如果想要解决问题，必须上升一个层次去思考。找不到问题，就尝试着改变问题。跳出问题本身去看问题，达到更高的层面，问题自然会轻松解决。

### ◎换个视角看问题

聪明人善于逆向思考问题，并妥善解决工作和生活中的各种难题。尤其是面对人生大事无法纾解的情绪时，别再纠结于答案在哪里，主动改变问题，马上就会豁然开朗。当你跳出死胡同的时候，注定会迎来重生的那一刻。

## 再累也别抱怨你对工作的不满

任何一件事情都没有那么容易和轻松，工作也不例外。上班时间久了，难免感到压力和不公，但请不要抱怨。

在工作中面对岗位、待遇等诸多不顺，我们往往会陷入焦虑，产生抱怨甚至恶意揣测。比如，升职不成功，就会抱怨上司不认同、打压自己；别的同事比自己优秀，嗔怪对方拍马屁，或者上司太偏心；公司待遇较低，责怪公司领导能力不行，或者领导太抠门；等等。

"说者无意，听者有心"，消息如果被进一步传播，你的境遇不但不会逆转，还可能导致与领导、同事的关系恶化。所以请不要抱怨，更不要传播负能量，这是职场生存的一个原则。

刘涛大学毕业后，在一家文化公司担任销售专员。研究生毕业的他个人能力很突出，总想做大事。与他同时入职的李磊是一位专科毕业生。尽管两人都是同样的职位，但是与李磊相比，刘涛优势明显。然而，刘涛平时喜欢指手画脚，爱出风头。

两个多月后，两人业务能力不相上下。刘涛喜欢在李磊面前显摆自己，而后者总是笑而不语。又过了一段时间，刘涛觉得以自己的能力做这份工作简直是浪费人才。于是他仗着高学历，要求领导给他升职。领导认为刘涛的能力还有待提高，需要在基层继续锻炼。但刘涛并不这样认为，他觉得领导没有把自己放在眼里，觉得很委屈。

之后刘涛开始向周围的人抱怨，总认为凭借自己的能力，还可以找到更合适的职位。每次看到李磊工作认真负责的样子，刘涛就劝他："做得差不多就可以了，何必那么认真啊。在这样的公司里，做得再好也无济于事。整天累死了，也得不到应有的报酬。"

慢慢地，刘涛对待工作越来越散漫，抱怨也越来越多。刚开始，李磊还宽慰刘涛，后来看到对方依旧我行我素，于是全身心地埋头工作。五个月后的部门会议上，李磊因出色的业绩被提升为销售组长，工资翻番。刘涛只能呆呆地坐在原地，他终于明白了抱怨无济于事，只能让自己错失成功的良机。

抱怨只是一种负面情绪，不会改变现状。我们抱怨工作累，有可能是因为自己工作能力不足。与其在职场中怨天尤人，不如勇于认识到自己的不足，少抱怨多做事，在工作中检视自己，提升自己。大凡成功者都不会驻足不前，他们时刻反省自己，坚持终身成长。

### ◎拥有改变自我的心态

当你心生抱怨的时候，要有改变自我的心态，有一颗温暖坚强包容的心，明白磨炼的意义。苦难是人生的必修课，是每个人必经的考验。你必须正视自己在工作中遇到的问题，以这样的心态待人做事，你会发现不满也在渐渐减少。

### ◎忽略小事，着眼大局

如果想在职场中有所建树，就不要因芝麻大的小事绊住了手脚，更不能因为小事而满腹牢骚。停止抱怨，全力以赴行动起来，所有问题都会烟消云散。

## 上司夸你越多，你拿的好处就越少

在传统价值观念的影响下，我们渴望得到社会认同，经常以他人的认可作为衡量自己成功的标准。生活中，我们会因为他人的认可与赞美感到满足，但是这种观念并不适用于职场关系。

于东刚入职时，主管对他说："以后努力工作、业绩突出，升职加薪对你来说是家常便饭。"于东相信了主管的承诺，无论待人处事，还是工作业绩，都可圈可点。主管也认可他的工作能力，并给予了多次口头表扬。

随着能力越来越强，于东能够为公司带来的价值也越来越大，与此同时也收获了更多赞美和夸奖。这个时候他突然意识到，这些所谓的口头嘉奖对自己来说没有任何实际意义。主管理所当然地把夸奖当成于东不辞辛劳的回报，但辛苦做事的人并没有得到额外的物质奖励。

时间久了，于东已经开始抵触领导的口头夸奖，甚至陷入懊恼和沮丧之中。后来，他果断提出了辞职。此时，主管仍旧以"继续努力则会加薪升职""可观的年终奖"为借口，让于东为公司卖命。于东将辞职信放到桌子上，头也不回地离开了公司。

于东是无数初入职场人士的缩影，当其能为公司带来的价值越来越大时，回报却没有相应的增加，难免令人心寒，丧失继续奋斗的热情和动力。有的上司总是口头上给予下属赞美和承诺，但是物质方面的奖励从未兑现。这时候，我们要反向思考，果断抛弃领导画的"大饼"，寻找新的发展空间。

为什么上司总是不吝啬他的夸奖，而你不断相信对方的美好承诺呢？请认清一个事实，你与公司是一种雇佣关系，你的价值只能用薪水和奖金衡量。明白了这一点，就不会纠结了。面对上司的甜言蜜语，你要冷静处理，看穿事实的本质。

### ◎认清夸奖的本质

上司夸奖员工，是一种精神上的奖励，无可厚非。但是，如果上司长期给予口头奖励，却没有物质奖励作为后盾，那么这种夸奖就值得商榷了。如果你为公司作出了重大贡献，却得不到相应的物质回报，对于夸奖这种廉价的"利益"就要退避三舍。

### ◎明确自己的利益诉求

在职场中谈利益，并无任何不妥之处。你要清楚自己就是一个普通的员工，最起码工资要吻合自己所付出的劳动。你可以选择合适的时机，勇敢地向上司提出诉求，双方进行认真沟通。

## 有时候被人利用是一件好事

想到被他人利用，很多人顿时心生排斥，会联想到他人别有用心，或者不择手段。在人们的观念里，利用者本身能力不足，就竭尽所能地利用被利用者，自己则掌握事情的主动权，最后坐享其成。一旦目的达成，便会将被利用者抛在脑后。这些利用者是自私的，而被利用者则愚蠢软弱。我们厌恶被他人利用，讨厌自己充当利用者的靶子。

如果我们以逆向思维来理解利用，会发现它有不一样的效果。一个人之所以被利用，是因为他有价值，比如在专业技术、处理人事等方面能力很强。通常，一个人能力极低、价值不高，则被利用的概率会很低。聪明人不怕被利用，他们因势利导，在被人利用的过程中追求尽可能的公平，同时实现自己的利益诉求。在整个博弈过程中，也许那个利用你的人在日后会成为你的合作伙伴。

鳄鱼生性凶猛，但一只小鸟站在鳄鱼张开的大嘴里，鳄鱼却一动不动。这种小鸟名叫牙签鸟，是鳄鱼的牙科医生，专以鳄鱼牙缝中的食物残渣为食。而鳄鱼也正好利用小鸟为自己剔除牙缝里的碎肉，清洗了口腔。鳄鱼和小鸟是利用和被利用的关系，它们互相依存，各取所需。自然界的相处之道如此，我们在人际交往和职场博弈中亦如是。

道光年间，一位叫王有龄的小官捐了浙江盐运使，但因穷困无法进京，终日郁郁寡欢。当地有一个商人叫胡雪岩，决定资助王有龄。家人都劝胡雪岩不要白费力气，认为王有龄将来飞黄腾达也未必知恩图报，现在与他亲近只能落得被利用的下场。胡雪岩却劝说家人："就算将来我从王有龄那里得不到任何好处，但他最起码不会加害于我。商人想把生意做大、做强，全仰仗当地官府，如果我现在不抓住机会被他利用，等他升迁了，再去结交会比登天还难。"

后来，王有龄发迹了。他果然没有忘记当年胡雪岩的相助之恩，出手帮助对方开办了"阜康钱庄"，胡雪岩也借机富甲一方。不仅如此，王有龄还把胡雪岩推荐给左宗棠，多年后胡雪岩顺利成为"红顶商人"，其事业版图一发不可收拾。

历史不会重演，如果胡雪岩没有帮助王有龄，那么后来"红顶商人"也只能易主了。人生何尝不是如此，学会被他人利用，是一种必修的博弈智慧。

### ◎拒绝被利用，就会拒绝机会

在同事寻求你的帮助时，如果能及时出手相助，你们可能会成为很好的搭档。在上司看来，你具备与人合作的团队精神，日后有利于职位升迁。

### ◎在相互利用中发展关系

不要怕被利用，有时候被利用也是一种好事。比被人利用更可怕的是，没有被利用的价值。我们要学会寻找可以互相利用的合作伙伴，实现双赢。

## 除非不可替代，否则别讨价还价

按常理来说，付出和回报在一定意义上成正比，一个人的能力与价值是相吻合的。在职场中，每个人都希望拿到让人羡慕的高薪水，或者不能低于自己的心理预期。一旦实际收入与自己的期望相去甚远，难免会在工作中"讨价还价"。在此，请扪心自问："你是否在公司中独一无二？你是否在团队中不可替代？"

　　高中毕业之后，小美就开始在咖啡店工作。虽然每天任劳任怨，但是薪水始终没有发生改变。在这个物价飞涨的时代，微薄的工资支付完房租和日常开销外，所剩无几。小美非常委屈，一次下班后找到老板，说道："我任劳任怨地工作了五年，但我的工资却少得可怜，我希望下个月拿到的薪水不再和以前一样。"

　　老板笑而不语，邀请小美坐下，耐心地解释道："看来你是觉得工资太低了。虽然你工作了五年，但是你有没有想过，任何人都可以替代你，完成你的工作。每天，你都会对顾客说同样的话，一成不变。而与你同样一起进来的其他人每天笑脸相迎，努力推荐店内的新品，创造了更多的收益，因此他们的工资也高于你。"

　　小美这才明白了无可替代的重要性，自此之后她学会了如何提升自己，如何改变工作中的呆板状况，还利用业余时间报了销售培训班，掌握了更多销售技巧。仅仅过了一年时间，小美的工资就涨了50%；不到三年，她被评选为优秀员工，还被推荐到总部学习。

　　你是否也想升职加薪？期望自己的付出得到等量的回报？想让自己变得无可替代？从现在开始，静下心来重新审视自己，看看自己在工作中有哪些不足，找到你与同行的差距在哪里。

　　如果你想为自己争取更多利益，在谈判中有更大话语权，一定要认清自己的角色和价值所在，否则别轻易讨价还价。

　　在爱情里，如果单方面无理取闹，会消磨彼此之间的感情，让一段感情无疾而终。在竞争激烈的职场中亦是如此。如果你对老板提出不切实际的要求，不符合老板的预期，那么你很难争取到相应的权益，反而会降低你在老板心目中的分量。

## ◎客观评价自己的能力

首先学会审视自己的能力，并通过日常的接触判断你的上司是否称得上一名伯乐。千里马常有而伯乐不常有，如果你能力非凡，那么任何一位睿智的老板都愿意支付高薪水。如果你能力欠佳，那就沉下心来磨炼自己，弥补各方面的不足。你可以向优秀的同事学习，也可以利用周末的时间提升自己，让你的能力和努力被上司看到。

## ◎考虑公司的经营状况与盈利水平

你要学会综合考量公司整体的收支及利润等情况。只有公司得到了利益，上司才有机会考虑为优秀的员工涨工资或者增加福利。相反，如果公司经营状况不佳，甚至出现亏损乃至破产的情况，那么你的要求就很难实现了。

## ◎掌握高情商对话技巧

你要学会与上司对话的技巧。高水平的讨价还价是一门艺术，请放弃在沟通中硬碰硬，你可以选择动之以情、晓之以理，从而保证你的加薪计划顺利完成。


# 下属做得不够好，责任在你

你是否每天都在抱怨下属做得不够好？你是否觉得工作有问题，

就应该对下属大发雷霆？你是否认真想过一项工作没有圆满完成，其实不是下属的问题？作为一名管理者，我们要善于逆转思维，从自己身上找问题，这是一种高效的领导艺术。

管理者每天面对各种复杂事务，身上肩负着重大责任。如果工作做得不够好，便将责任推卸到下属身上，并不能令人信服。

优秀的管理者拥有不同于下属的前瞻性眼光。他们当机立断，部署工作和决策都一丝不苟，工作分配也极为合理，并能够在日常工作中妥善处理与下属的关系。如果下属经验不足，或者无法尽善尽美地完成工作，管理者需要加强培训，甚至在关键时刻提携下属。如果下属做得不够好，就横加指责，势必失了人心。

王文是一家空中货物公司的副总裁，他的工作主要是负责集装箱运输业务，每天督导工人装箱。有一次，他在监工时发现并非所有的集装箱都能完全装满，只能达到45%，连50%都达不到。起初，王文认为工人缺乏相关的培训，才出现这种状况。于是，他邀请专业人士对工人进行技能训练，并经常亲自进入场地督导检查集装箱装件工作。结果，工人的表现还是无法令人满意。

为此，王文进行了反思，究竟是自己的问题，还是工人的问题？后来，王文重新梳理了集装箱工作的流程，发现并不是工人的问题。随后，他要求在每个集装箱内部画上一条填满至此处的横线。几天之后，集装箱填满的比例由原来的45%上升到95%。在这里，王文并没有将责任推给员工，而是先对员工进行培训，发现不是员工的问题之后明确提出具体要求，最后收到了良好的效果。

比尔·盖茨也遇到过类似情况。起初，员工经常迟到，即使部门经理采用严格的考勤制度，也无法有效地解决这个问题。但是，比尔·盖茨并没有认为这是员工的问题，而是从管理者身上寻求解决之道。他将公司的一些停车位变卖给无法停车的员工，于是大家为了得到免费车位，不得不争先恐后前来上班，由此轻松解决了迟到的问题。

管理需要技巧，更需要责任和智慧。在管理下属的过程中，如何找到最佳方案？比尔·盖茨用自己的实际行动给出了答案。管理者必须发挥应有的协调和变通功能，勇于承担责任，带领大家走出眼前的困局。

对管理者来说，应该拥有卓越的眼光，能较好地解决现实中的难题，发挥上下联动的作用，使公司高效运转。一旦发现问题，不要随便斥责员工，更不能把责任和过失抛给员工，应该首先反思哪个环节出了问题，自己如何纠正。这样既能挽回公司的损失，也可以得到大多数人的认同，从而有效凝聚人心。

管理者要始终明白一点，你对公司运行负有无限责任，任何一个环节出了问题都与你息息相关。做一位负责任的领头羊，管理好下属其实就是自己最重要的工作。你要学会对自己严格要求，并注意树立自身的权威。

做一个负责任的管理者，不要再去指责自己的下属。发现问题，解决问题，才是管理者最应该做的事情。

◆

# 第 14 章

# 败中求胜

## 强者都在绝望中寻找希望

---

怎么会不累呢，满心欲望，两手空空，心事重重。每个人都活得不轻松，尤其是深陷逆境的时候。既然已竭尽全力，那就要学会顺其自然，风来听风，雨来听雨。轻轻放下忧虑，暖暖拥抱自己，我们都是苦尽甘来的人。

---

## 换个角度，困境本身就是出路

人的一生，几乎都是在坎坷中度过，没有人一辈子随心所欲、畅通无阻。人生就像一场游戏，有输也有赢，面对困境与挫折，如果换个角度你会发现，它们在某种意义上也意味着出路。

在民间，老人们常说："人在难处不加言，马在难处不加鞭。"人生中难免遇到困境和失败，优秀的人内心淡定，认真分析局势，勇敢走出迷雾。明朝心学大师王阳明就是值得我们学习的代表，他在南赣平叛之时，一开始官兵节节败退，但他能静下心来分析形势，找出失败的原因，揪出军官内部奸细，最终通过反间计取得胜利。

工作和生活也是这样，越是困难，我们越要淡定，如果遇到难题就手忙脚乱，必然丧失理性思考的能力，不利事态发展，导致一败再败。敢于直面困境，个人才能成长；敢于面对困境，未来才有希望。

14 岁的时候，布恩的父母因车祸双亡，家中还有一个姐姐和一个弟弟。面对巨大的经济压力，他不畏困境，仍旧梦想着有朝一日考上理想的大学。然而，困境不止于此，当时他还面临着当地黑社会的"诱惑"，一群不法分子诱惑他加入地下组织，甚至找布恩姐弟的麻烦。

面对重重的困境，布恩仍旧保持初心，毅然拒绝了他们。黑社会成员并没有死心，几乎天天都来找布恩姐弟的麻烦，甚至开枪扫射威胁。最后，布恩被迫离开家，放学后和流浪汉在一起，住在学校附近的俄亥俄大桥的桥洞里。转眼几年过去，17 岁的布恩通过自己的努力，以优异的成绩考入梦寐以求的哈佛大学。布恩的求学精神打动了很多人，甚至被微软创办人盖茨所知。盖茨迅速找到了布恩，愿意资助他未来的全部学费。

比尔·盖茨感慨地评论说："布恩用行动告诉我们，无论在什么时候都不要向困境低头。只要不放弃自己的梦想，困境也会成为通向强者的桥梁——就像雄伟的俄亥俄大桥。"

顺境让人相信自我，换个角度想，困境成就自我。只有经得起考验的人，珍惜宝贵的磨炼机会的人，才能成为真正的强者。

### ◎内心淡定，认真分析形势

"泰山崩于前而色不变，麋鹿兴于左而目不瞬，然后可以制利害，可以待敌。"面对巨大的困难，我们都要学会成为内心淡定的人，直面困境，方有机会逆转乾坤。

### ◎学会反思才能成长

思考才能解决问题，积极地反思，才能找到问题所在，从而解决问题，还可能有意外的收获。反思助你度过困境，反思助你成长。

### ◎拥有直面困境的勇气

只要信心在，希望就在。人生本来就是起起伏伏，不在于跌倒多少次，而在于跌倒之后能不能站起来。面对困境，我们要有信心解决困境，找到突破口。

## 每次危机都是人生跃迁的机会

人生的道路尽管曲折迂回，但总有"柳暗花明又一村"的时候。当你发现前面的路走不通的时候，不要叹息，不要沮丧，这有可能就是你蜕变的时机。

古人云："察势者明，趋势者智。"每当危机来临，我们恐惧与胆怯，但同时又有冲破危机的渴望和冲动，矛盾的想法让我们摸不清方向。这时，我们要静下心来，要学会正视危机、把握危机，成功的机会往往就隐藏在危机当中。

人在世间生活，再怎么平顺也总会潜藏着一些危机，包括身体的疾病、降薪或失业等，甚至乘车、行船时都可能遭遇一些意想不到的危险。最重要的是，面对磨难，我们如何去应对？

北宋元丰三年，苏轼因遭受诬陷，被贬到黄州任团练副使，最终成为当地的犯官。而这些犯官并没有什么实权，俸禄也不够维持生计，身处逆境中的苏轼面临巨大的生活难题。然而，即使生活如此拮据，他也没有抱怨一句。为了能够维持生计，苏轼一直省吃俭用，从自己的积蓄中取 4500 钱等分为 30 串，并把它们挂在屋梁上，到需要钱的时候再取。

为了能够解决温饱问题，苏轼想到了种田。于是经过多方申请，他终于从当地政府申请到 50 亩的废田。他没有任何抱怨，带着一家人开荒种地。难以想象，对于一个从来没种过地的文人来说，劳动是一件很苦的事情，正所谓"垦辟之劳，筋力殆尽"。但苏轼没有退缩，任劳任怨，躬耕田地，虽然有劳累辛苦，但也有收获的快乐。

为了在拮据的生活中寻找乐趣，他学习了"晚食以当肉"的进食方法，即每天饥饿时再吃饭，即使再难吃的菜，吃起来也跟肉一样香。乐观的人能在危机中看到机会和别样的风景，正是苏轼生活最好的写照。

最大的危机，有可能是命运赋予你的最大机遇。如果你能发挥逆向思维，就会发现将自己逼入死胡同的危机或挫折，是激发一个人潜能的绝佳推手。重要的是保持平和的心态接受一切，永远不放弃奋进的勇气。

### ◎直面身处危机的现实

任何时候都要面对现实，尤其是当你陷入困境的时候。只有认识危机并承认身处危机中，才能获取解决危机的方法。

### ◎主动承担责任

面对危机，你要学会改变心态，从改变自我做起，而不是妄想周围环境为自己而改变。具备责任感的人，拥有担当精神，到哪里都能被信任，并赢得外界支持，这有助于他们快速走出困境。

### ◎始终保持冷静

当遇到危机，人们第一时间都会陷入紧张、焦虑的状态。只有冷静下来，思维才能更好地运转，更好地找到解决办法。无论何时都要遇事冷静，沉住气才能成大器。

## 你比想象中的自己更强大

每个人都曾有过悲伤，也曾迷失过方向，但是只要心还在跳动，就还有希望。遇见任何磨难，都不要轻言放弃，因为你比想象中的自己更强大。

大文豪莫泊桑说过：生活不可能如你想象的那么好，但也不会如你想象的那么糟。人的脆弱和坚强都超乎了自己的想象。有时，你可能脆弱得一句话就泪流满面；有时，你发现自己咬着牙走了很长的路。

凯洛琳生活在纽约上东区，母亲早年离世，父亲是有名的风投家。可以说，她是含着金汤匙出生的，从小到大没经历过一天苦日子。她甚至不知道有公交车，因为出门全部都是司机专车接送。

此外，凯洛琳在贵族学校读书，结交的朋友也都是商界、政界名流，还有好莱坞的明星。在他人看来是梦幻般的生活，对凯洛琳来说却是极其平常的日子。然而天有不测风云，父亲因为商业诈骗被捕入狱，所有财产全部用于还债，并且还欠了一大笔债务。

突如其来的巨变让凯洛琳不知所措。大别墅不见了，小跑车也没有了，甚至连漂亮名贵的衣服、珠宝也都被没收了。更悲惨的是，曾经的朋友都和她划清了界限。一夜之间，生活天翻地覆，凯洛琳不得不从富人区搬到了平民区。

起初，凯洛琳以为自己肯定过不了这种平民的日子，绝对熬不过没有大把金钱的生活。可是，为了给父亲还债，她不得不找了一份快餐店服务员的工作。刚开始的时候，她手忙脚乱，不是记错了订单，就是打翻了茶杯，经常被经理责骂，还要被扣工资。起初，凯洛琳只是委屈地哭，但是很快发现这根本没用。无论怎么哭泣，也要把烂摊子收拾干净，并且不会因为眼泪而得到别人的同情。

随后，凯洛琳变得坚强起来，做事也麻利多了。她把在高等学府培养的气质带到工作中，结果受到消费者的喜爱。渐渐地，她竟成了店里的招牌，可以独当一面了。她不再哭泣，虽然偶尔还要被责骂，但是已经学会了在逆境中成长。

三年后，凯洛琳完全不再是富家千金的样子，她凭借出色表现得到总公司赏识，最后做了店长。回顾这段日子，凯洛琳从没有想过自己可以熬过来。刷盘子、扫地、收钱，一天微笑十几个小时，这些几乎是她从来没做过的事情，现在居然可以做得这么得心应手。凯洛琳说："我从来没有想到过，自己可以这么强大。即便是家里破产，也没能打垮我。"

过惯了奢华的生活，当这一切都不存在了，不必恐惧。也许你认为自己无法忍受平常的日子，但是只要有勇气面对，就能从容应对未来的挑战。

人的潜能是无限的，有待慢慢发掘。在艰难困苦中磨炼人的意志，在危机中产生发明、发现，都屡见不鲜。战胜危机的人是那些敢于超越自己，而且没有被危机征服过的人。一旦你有勇气直面困难、邪恶，呼喊它的名字，一切就变得不再害怕。

对过去不必悔恨，对未来不必恐惧。坦然接受眼前的事实，尝试着努力应对挑战，没有什么能阻挡你前行的步伐。找到那个具有强大生命力的自我，没有人可以否定你的能量，只不过你不曾发觉而已。

一个内心强大的人，无论遭遇怎样的嘲讽，遇到多大的困难，都不会被轻易打倒。在他们身上，流露出的是坚定的意志、强悍的行动力。不论遭遇多大的诱惑或挫折，都能够做到心如止水；甚至遭受牢狱之灾，面对死亡的威胁，也能够始终保持一颗淡定之心，这样的人终究是不可战胜的。

## 在最艰难的时候说"我能"

作家奥斯特洛夫斯基有一句名言：人的生命似洪水在奔流，不遇着岛屿、暗礁，难以激起美丽的浪花。只有经得起逆境考验的人，才能成为真正的强者。唉声叹气不是办法，幻想憧憬也不是办法，只有信心十足地付诸行动，才能走出困境。

2015 年，华为公司在宣传海报上，写下了罗曼·罗兰的一句话：伟大的背后都是苦难。历经无数风雨，华为一路走来，深深明白机不可失、失不再来的道理，在艰难的市场开拓中牢牢地抓住了每一次机会，凭借优质的服务和技术深得客户的赏识。

任正非创建华为的时候，痛苦始终相伴左右。先是为别人做代理的时候，饱受居人檐下之辱，等到自己着手研发的时候，又受到了来自国内外大集团的围追堵截。这一切的磨难并没有让任正非退却，反而愈挫愈勇。

艰苦的环境是企业发展的桎梏，华为却从不退缩，在逆境中迎头而上。有一次，华为在刚果（金）的客户突然改变了工程计划，将原来 30 天的核心设备建设压缩至 4 天。任正非马上组织十几名工程师连夜加班加点吃住在工程现场，经过三天四夜的努力，终于提前完成任务。华为在非洲的业务从此突飞猛进，通过不断创新制造出更多高性价比的产品，终于在非洲这片土地上拥有了 30 多个分支机构和交付团队。

创业者要比普通人承受更多的苦难，无论遭遇什么不合心意的事情，都要控制自己的心态，拥有必胜的信念。面对至暗时刻，如果丧失信念，很容易前功尽弃，满盘皆输。

做任何事情都不会一帆风顺，陷入困境的时候，我们要学会忍受生命中的那份悲伤，在挫败后重新鼓起勇气，等待合适的时机再次崛起。当然，处于低谷时学会忍耐并不是逆来顺受，抛弃尊严，而是在别人不知情的时候，把这份难熬的艰辛埋藏在心底，舔舐伤口，在众人面前则要始终保持昂扬向上的态度。

每个人都会陷入逆境，如果此时我们只想到自己是多么无助，便会更加无助和孤独。此时，我们要保持理性，冷静分析对策，绝不屈服于命运，始终保持昂扬的斗志。

不要苦恼于生活带来的种种烦恼，不要伤心于生活中的种种失败。无论前进的道路上遇到多少荆棘，那都是最美好的风景，一定要学会微笑面对。失败与挫折，成功与名利，在我们漫长的人生里不过是过眼云烟，最终变为记忆。一切都会过去，只有微笑着走完一程，才是最精彩的人生。

在强者的认知里，竞争越残酷，越要对自己说"我能"。"我能"是一种自信，是一种勇气，是一种动力，更是一种自我肯定与鼓励。面对残酷的现实，走在布满荆棘的路上，我们能做的是擦干泪水，以不屈的精神战斗到底，乐观地迎接胜利的曙光。

## 干活越少，赚钱越多

干活越少，赚钱越多，听起来似乎有悖于常理，实际上却蕴藏着真正的财富智慧。通过逆向思考不难发现，有的人看上去忙忙碌碌，恰恰证明其赚钱能力有限。

科学家观察蚁群发现，大部分蚂蚁争先恐后地搬运食物，相当勤劳。但有少部分蚂蚁则整日东张西望，无所事事。为了深入研究这些懒蚂蚁在蚁群中的生存状况，科学家在它们身上做了标记，然后将蚂蚁窝破坏掉，并断绝它们的食物来源。

随后，那些勤快的蚂蚁一筹莫展，不知所措，而懒蚂蚁则挺身而出，带领伙伴们向自己侦察到的新食物方向转移，并引导其他蚂蚁快速地搭建新的蚁窝。接着，科学家把这些懒蚂蚁从蚁群里抓走，结果剩下的蚂蚁竟然都停止了工作，乱作一团。

由此看来，绝大部分忙忙碌碌、任劳任怨的勤快蚂蚁离不开懒蚂蚁的引导。懒蚂蚁看似无所事事，实际上把大部分时间花在了

"侦察"和"研究"上，使蚁群在困难时刻存活下来。

在蚁群中，勤有勤的原则，懒有懒的道理，勤与懒是相辅相成、缺一不可的。相比之下，蚁群中的懒蚂蚁比只低头干活、不抬头看路的勤快蚂蚁重要得多。因为懒蚂蚁能看到蚁群面临的问题，并找出解决问题的办法，它们才是蚁群赖以生存的组织者和指挥者。

其实，看似干得少的人，实际上是把全部的精力放在了更有价值的地方，放在了需要投入思考的地方。所以他们才能统筹全局，用头脑解决难题，用思想引领自己前进。

华尔街聚集了众多投资者，他们每天紧盯着电脑看行情，不放过任何一个市场分析、评论文章，在办公室里紧张地研究和分析各种可能的情况。回家之后，还在不停地思考和预测未来的变化。他们每周工作 80 个小时以上，然而常常事与愿违，投资大多以亏本告终。

金融家摩根也在这条街上生存，但是他与众多投资者不同。他把大多数时间花在休假娱乐上，每周的工作时间不到 30 个小时。可是他始终把控经济的走向，投资项目也能收获丰厚的利润。

人们对此大为不解，当有人问他为何如此轻松地赚到了那么多钱时，他回答："我的休闲其实是工作的一部分，有时候只有远离市场，才能更加清晰地看透市场。那些每天都守在市场上的人，最终会被市场中的各种景象迷惑，很容易失去判断力和方向，最终被市场愚弄。"

正如摩根所说，一味艰苦地工作往往看不清市场的真面目，当然也就赚不到钱了。而摩根却懂得在玩乐中思考真相，置身于纷繁复杂的市场之外冷静地判断市场走势，透过光怪陆离的表象看清楚问题所在，这才是其过人之处，也验证了"干得越少，赚得越多"所言非虚。

作为商人或投资人，既要"勤奋"，又要"懒惰"。在企业管理中，领导者要"勤奋"于业务的拓展、创新性的工作，培训和指导下属，应"懒惰"于那些细小琐碎的事。通常，你做的事情越少，证明下属的能力越高，则企业的潜力越大，收益也越高。

无论你是创业者，还是经营者，都要明白这个道理：只有当你干活越少的时候，你才有可能赚更多的钱。具体来说，领导者要把握好以下几点。

### ◎领导者不要越俎代庖

领导者遇事不要事必躬亲，更不能越俎代庖，要懂得把任务分派下去，把权力和责任一起交给下属。

### ◎让下属忙起来

领导者必须让下属在其职责范围内紧张起来，否则就是领导者自己忙得焦头烂额，而下属悠闲自在。这意味着下属该做的工作没有做，或者是上级替下属做了其分内的工作。

### ◎多指导下属做事

领导者应该指挥或指导下属做事，绝不能轻易帮着下属做事；否则，不仅领导者的分内之事做不好，下属也会失去锻炼和潜力开发的机会。

## 境遇再悲惨也别抱怨生活

这个世界由两类人组成：一类是意志坚强的人，另一类是心智薄弱的人。前者有与生俱来的坚强特质，他们无论是商人、教师还是体力劳动者，无论年龄大小，都可以勇敢面对困难和挑战。而后者遇到困难和挫折总是逃避，面对批评也容易受到伤害，或灰心丧气，最终只能与失败、痛苦为伴。

不去抱怨生活的人，永远是命运的主人。因为了解自己，才会更加自信，即使陷入困境也会找到应对的方法，所以始终立于不败之地。强者之所以不会倒下，是因为他们勇敢面对自己的弱势和不足，在困难面前逆势突围。有了这种积极的情绪和心态，一个懦夫也可以变成英雄。

吉姆居住在纽约附近一个小镇上，是一个天生的足球运动员。然而，他在中学期间患癌，最后双腿被截肢。这本是一件让人崩溃的事情，但是吉姆回到学校之后，却和同学们开玩笑说："我会装上用木头做的腿，到时候把袜子钉在腿上，你们谁都做不到。"

虽然不能回到球场上，但是吉姆仍然恳求教练把自己留在球队中当管理员。每天，他准时到球场帮教练收拾训练攻守的沙盘模型。这种积极的态度和坚强的毅力感染了全体队员，整支球队在他的鼓励下充满斗志。

有了这份陪伴和激励，球队在赛季中保持着全胜的战绩。赛后，为了庆祝这难得的胜利，队员举行庆功宴，并准备送给吉姆一个全体队员签名的足球。但是，吉姆因为身体太虚弱未能到场，所以宴会并不圆满。

几周后，吉姆脸色苍白地回到了球队，仍然与大家说笑。教练还轻声责问："为什么没来参加庆功宴?""教练，你不知道我正在节食吗?"笑容掩盖了吉姆脸上的苍白。

一个队员拿出写满签名的足球，说道："吉姆，都是因为你，我们才能获胜。"其实，癌症早已经恶化了，吉姆回家之后的第二天就去世了。

原来，吉姆一直都知道自己的病情，也知道被父母隐瞒的"六个星期"死期，但是他坦然面对死亡，在生命的最后时刻依然投身钟爱的足球事业，在病痛中鼓励球队去战斗。这种不抱怨的精神感染了每个球员。

意志坚强的人总能迎难而上，把最悲惨的事实变成最富有创意的生活体验。在苦难面前，他们不会像鸵鸟一样把头埋进沙土中，去逃避现实；而是接受命运的安排，勇敢迎接挑战。不抱怨的人，不抱怨的人生，终会赢得世人的敬重。

这就是积极情绪的力量，它让人相信未来，令人意志坚定，永远不认输。生活中总是充满了风雨，人也难免闹点小情绪。但是，坚强的人很快会抚平心绪，选择迎难而上。因为不抱怨生活，所以生活给他们更多的回馈和礼物。

◆

# 第 15 章

# 逆向管理

## 高效赋能团队执行力

身处瞬息万变的市场经济中，过去有效的管理方式，在今天看来不一定适合；过去习以为常的管理策略，今天也不再有效。管理工作陷入瓶颈，我们需要逆向思考，及时突破困局，重启团队执行力。

## 真正的管理是不需要管理

在固有的认知中，似乎管理就是管制别人、控制别人、抑制别人。但事实证明，真正的管理其实很简单，就是把复杂的问题简单化，把混乱的事情规范化。

"士为知己者死，女为悦己者容。"成功的人往往有更强的本领捕捉别人的情绪，甚至懂得如何挖掘下属的本领，让独立的个体顺其自然地做好自己该做的事情。

美国管理咨询专家艾德·布利斯有一句名言：一位好的经理总是有一副忧烦的面孔——在他的助手脸上。从布利斯的话中可以看出，一个有能力的人往往不需要让自己的管理事必躬亲，反而懂得如何挖掘下属的本领，从而调动其主观能动性。

布利斯指也曾说：现在太多的经理想要拥有决定一切事务的那种万能的权力，这不仅未能高效地利用自己的时间，还阻碍了下属发挥创意以及实现自我成长。

在一个公司里，老板不懂如何给下属安排任务，自己从事具体工作导致疲惫不堪，精神状态陷入低谷，这种管理方法显然是错误的。有的管理者总是把经营决策搞得非常复杂和琐碎，并且总是亲力而为，认为自己参与其中更重要，反而忽视了调动员工的积极性，把事情搞得越来越复杂。管理是需要成本的，管理的事情越多，付出的成本就越大。但事实证明，真正的管理并不复杂，善于无为而治才是管理的最高境界。

授权是上司给员工分布任务的一个重要步骤，它让一切有秩序地运行，让管理工作有条不紊。当然，这不是简单地分配任务，它有利于员工做好本职工作，并从中获得归属感和成就感。

高效管理的真谛是权力的充分下放，顺其自然，不做违背客观规律的事。为了做到这一点，管理者需要把握好下面几点。

### ◎制定准确的战略目标

当管理者确定要做某件事情的时候，对于达到什么样的目标要有准确的界定。这是指导其他各项工作的指针，容不得半点马虎。

### ◎在执行中学会思考

想做成一件事，管理者要有清晰的思路；在执行过程中善于总结经验，进行科学思考，把注意力放在做成这件事上。

### ◎学会自我管理

一个人如果无法自我管理，就难以管理别人。只有当一个人能够自我管理的时候，才能够有能力管理和领导他人。

## 聚焦员工能干什么，而不是不能干什么

金无足赤，人无完人。每个人都有自己的长处，也都有自己的短处。要重视别人能干什么，而不是不能干什么。企业在雇用员工的过程中应该重视员工某一个方面的长处，而不是抓住员工在某些方面的

短处。聚焦员工的特长是什么，了解员工能干什么，进而分配合适的岗位，而不是随意分配工作，让员工从事他们不擅长的工作。

美国著名经营专家卡特说：管理之本在于用人。每个人都不是全才，主管需要善于区分具有不同才能和素质的人。世界上只有混乱的管理，没有无用的人才。高级管理者是善用人才的伯乐，他们善于发现人才的优点和特长，并善于使用这种才华，从而实现人尽其才。

思科公司是美国硅谷一家标准的高科技公司。公司 CEO 约翰·钱伯斯在招聘人才方面，具有独特的策略：（1）公司的大门始终对优秀人才敞开，其招聘广告是"我们永远在雇人，对于优秀人才，思科永远有兴趣"；（2）让所有员工都成为猎头代理，思科鼓励员工介绍合适的人到公司来，如果介绍的人被录用，思科会给予员工一些奖励；（3）进入学校培养员工；（4）人人都需领导素质；（5）对应聘者严格把关；（6）广泛征求应聘者的意见，面试完毕后，会让应聘者谈谈对面试的看法，这样公司就能对自己的招聘有真正的监督。

思科这种招聘人才的策略无疑给公司带来了巨大的收益。管理者的价值不是样样都强过别人，而是必须具备超常的用人才能。以思科公司为例，管理者让合适的人做合适的事，秉着扬长避短的原则管理员工，员工得到了好处，公司也获得了持续快速发展。管理者不要只盯着岗位需要什么样的员工，而应逆转思维，时刻聚焦员工能干什么，这样企业才能走得更远，才能迈向卓越。

◎**扬长避短，发挥人才的最大价值**

企业在聘用员工的时候要考虑他们的长处和短处，努力做到扬长避短。让员工发挥他们最大的潜能，是管理者的重要职责。

◎**管理者要学会使用各类人才**

管理者要根据员工的不同情况合理使用人才。让合适的人到合适的岗位上工作，让员工在工作中找到自身的价值，公司也会变得越来越好。

◎**员工的短处也能派上大用场**

企业在招聘人才的时候制定合适的招聘人才的策略，努力吸引和引进更多的人才，才能将企业壮大起来。

## 再聪明的人也可能犯错

人非圣贤，孰能无过。任何人都有可能犯错，再聪明的人也不可能永远正确。面对权威，我们要善用逆向思维考虑问题，并且要敢于质疑。

森林里有一棵果树，它的果子香气扑鼻，据说这种果子有毒，大家都将信将疑。有一天，松鼠看见猴子摘了这种果子吃，猴子被公认为森林中最聪明的动物，它都摘来吃了，那棵树上的果子肯定没有毒。于是，松鼠也摘了那棵树上的果子吃，结果中毒进了医院。

在医院里，同样躺着因为吃果子中毒的猴子，它已经奄奄一息。

松鼠临死前十分懊悔，认为自己不应该相信猴子，但已经晚了。

这个故事告诉我们，再聪明的人都有可能犯错，这是无法避免的。但是，我们不能因为某个人某一次犯错就全盘否定他，但也不要盲目跟风。

在企业管理中也是这样，再聪明出众的员工也有犯错的时候，但企业经营者要从长远的利益考虑，不要因为员工一时的错误就把他解雇掉。

索尼创始人盛田昭夫认为：谁都有犯错的时候，我不会因为某个员工犯了错误就把他解雇掉，大家要齐心协力找出犯错的原因，并且从中吸取教训，把这件坏事变成好事。

这种管理员工的方式，让团队成员结成了更紧密的整体，在市场竞争中所向披靡。有了这种团结协作的精神，整个企业会变得更好。

公司是一个命运共同体，一旦遇到困难，我们需要集体去面对，而不是一味地责怪某个人。人人都会犯错，这是不可以避免的，但我们可以从中吸取教训，让自己增加经验，增长见识，日后减少犯错的概率。

日本企业家吉田忠雄认为，在一个企业当中没有阶级之分，高层主管不能给下属发号施令。在他的企业当中，任何人都可以自由地提出意见，并且具有"一视同仁"和"相处无间"的工作氛围。这样的企业注定所向无敌。

◎ **不要害怕犯错**

钱学森说过：正确的结果是从大量的错误中得出来的；没有大

量错误的台阶，也就登不上正确结果的宝座。犯错是我们走向正确结果的必经之路，犯错并不可怕，重要的是我们能从中学到道理，从而精进自我。

### ◎聪明人不会永远正确

错误是不可避免的，人无完人，每个人都会犯错，我们不要盲目崇拜聪明人，更不要盲目跟风。在工作和生活中做一个有主见的人，任何时候都不要忘记这一点。

### ◎知错能改，善莫大焉

不犯同样的错误，不被同一块石头绊倒两次，犯了错及时改正，这样我们就能持续进步，体会到错误给我们带来的成长。

## 小的就是大的，不要忽略细节

惠普公司的创始人之一戴维·帕卡德说过：小事成就大事，细节成就完美。细节往往决定成败，想干好大事，首先要把小事做好。

生活和工作中的每件事，我们都要认真去做，在这个过程中尤其需要重视细节问题。运用逆向思维考虑这个问题可以得出结论：事情的成败不在于大的方面，一些看似微不足道的小事往往影响着全局。所谓"细节决定成败"，把小事做好就不简单。

无数管理实践证明，从小的方面入手，从点点滴滴开始做起，重视细节才有可能成功。有一天，柯达公司的创始人乔治·伊斯曼收到了一位普通工人写的建议书，虽然内容不多，但是让人眼前一亮。这个工人的建议是：生产部门将玻璃擦干净。放在以前来看，这是一件微乎其微的小事，但是这一次，伊斯曼看出了其中的意义，这正是员工积极性的展示。伊斯曼立即对这位员工进行了表彰，并且给发了丰厚的奖金，"柯达建议制度"由此产生。

在降低成本核算、提高产品质量、改进和保障生产方法等方面，"柯达建议制度"发挥了重要作用。在这种制度下，经过 100 多年，柯达员工向公司提出的建议接近 200 万个，其中被公司采纳的超过 60 万个。现在，柯达公司员工因提出建议而得到的奖金每年都超过 150 万美元，而公司因采纳合理建议而节省的资金要远远超过发放的奖金。这种管理制度给公司和员工都带来了收益，成就了员工，也成就了企业。

卢瑞华说过："在中国想做大事的人很多，但愿意把小事做细的人很少；我们不缺少雄韬伟略的战略家，缺少的是精益求精的执行者；不缺少各类管理规章制度，缺少的是对规章条款不折不扣地执行。我们必须改变心浮气躁、浅尝辄止的毛病，提倡注重细节、把小事做细。"做事注重细节，工作中精益求精，这种精神对任何组织和个人都具有重大意义。

◎摆正态度，重视细节

细节源于态度。在工作和生活中端正态度，不放过任何细节，不但能提升工作质量，还能锤炼精益求精的匠心。

◎从小事做起，从点滴入手

从小事着手，先把简单的事情做好，并且做到极致，然后积少成多，就容易为成就大事打下坚实的基础。一个人缺乏从小事着手的精神，又怎么能干大事呢。

◎ **修炼平常心，成就非凡事**

任何伟大成就的取得，都离不开日常点滴的积累。也就是说，生活中不存在一蹴而就的成功。为此，在日常工作中兢兢业业做好分内之事，修炼一颗平常心，才能在日积月累中从一棵小草成长为参天大树，成就非凡的自我。

## 成本控制：节约的就是利润

俗话说，"省下的就是赚到的"。正所谓"不积跬步，无以至千里。不积小流，无以成江海"，成功是从小事开始做起的，财富也是一点一点积累下来的。

"省下的就是赚到的"，其实这一理念不只适用于普通人的日常理财，同样也适用于企业日常经营。很多大企业的利润实际上都是省下来的，规模越大的企业和越有实力的经营者，越重视点滴的节省和创收。

节俭可以使企业经营者冷静、理智、勤劳，这有助于企业降低成本，应对随时到来的经济危机、市场巨变。

一家企业要想赚取更多的利益，只靠管理者重视节约是不够的，每个员工也应做到尽职尽责为公司节省，才能积少成多，把节约变成利润。

有一位年轻人在美国某石油公司工作，他的工作就是巡视并确认石油罐盖有没有自动焊接好。他在工作中发现，焊接过程中需要花费大量焊接剂，而公司觉得改变焊接技术太困难了。这个年轻人却在每天观察并且寻求改进的方法，经过一次又一次试验，他终于通过改造减少了一滴焊接剂。没有人能够想到，这为公司带来了每年5亿美元的新增利润。这位年轻人就是后来掌握全美石油业95%实权的石油大王——约翰·戴维森·洛克菲勒。

"省下的就是赚到的"，每个员工都拥有这种理念，这样公司会赚取更多的利润。同样，员工自身也会在其中受益。

"开源节流"是我国古代的一种理财思想，是指增加财务来源并节省开支。这种思想同样适用于现代企业，在扩大生产规模和生产量的同时也要节省开支，降低成本，能省则省。因为省下的就是赚到的，省下的越多赚到的就越多。节省开支、降低生产成本对于一个企业来说非常重要，因为节省出来的财富就相当于公司赚到的利润。

企业要学会改变自己的思路，试着用逆向思维来思考问题，用最少的钱做成同样效果。同时，改变对金钱的看法，使有限的金钱发挥最大的效用。

## ◎杜绝浪费，省到就是赚到

控制成本，绝不浪费一分钱，用最少的钱和最少的资源产生最大的收益，是经营者的职责。在日常管理中，经营者要坚决反对资源浪费，提升工作效率，省下来的资源和钱就是额外的利润。

### ◎改变思路，打开财路

不只是赚钱可以创造财富，省钱同样可以创造财富。企业通过省钱创造财富也许比赚钱更轻松，并且更没有风险。大多数人都是风险厌恶者，对于省钱这种低风险的获取利润的方法，人们往往深信不疑，也往往更趋向于立即采取行动。

## 既要大发奖金，也要大力裁员

作为一种合理有效的管理手段，"赏罚并用""赏罚分明"符合人性的价值认同，因此成为驱动团队成员的强大武器。但是，在使用"奖赏"和"处罚"的过程中，最重要的是要运用得巧妙。

正所谓"财散人聚"，聪明的管理者敢让员工赚大钱，给他们发放高额奖金，通过物质激励调动团队成员的积极性。当然，在重赏之下必有勇夫之外，他们也懂得赏罚分明的道理。

深圳一家企业年底举办答谢宴，老板重赏了作出贡献的员工，并鞠躬致谢，极大地凝聚了人心。第二天，老板发现工作中出现了严重问题，立刻大发雷霆："标准在哪里？负责人在哪里？"

看到此情此景，人们不禁感到疑惑，这个老板是同一个人吗？对此，老板神情严肃地说："我开始大发奖金的时候，也是大力裁员的时候。我总不能等赔钱的时候才开始裁员吧，那时已经来不及了！"

在团队管理中，赏与罚是一枚硬币的两面，二者是互通的。具体来说，该奖赏的时候，要慷慨大方；该追究责任的时候，要不徇私情。逆向思考不难发现，奖赏是激发战斗力的顶层设计，责罚是确保执行到位的底层逻辑。赏罚之间，存在着天然的辩证关系。

在高效运行的团队中，领导者交代任何事情，下面的人都不敢应付，而且不敢躲闪，因为你一躲就会被追责，甚至前途尽毁。每个人都尽职尽责、勇于任事，整个团队才能保持强大的战斗力。

管理者的一个重要职责是确保团队成员自动自发地做事，胜任岗位职责。一旦有人执行不到位，或者工作出现纰漏，必须马上发现情况，并给予惩戒；而当员工干出业绩，则要给予奖赏。

进有重赏，退有重刑，赏罚分明才能真正调动大家的积极性，提高团队的战斗力。这是那些优秀企业迈向卓越的重要原因，也是领导者逆向思考的管理之道。

美国心理学家亚当斯通过研究，对人的积极性与分配方法作出了如下结论：工资、报酬的合理性和公平性对人们工作的积极性有较大影响。显然，"奖赏"更能对人的行为产生积极的推动作用。

老子说：善有果而已，不敢以逞强；果而勿矜，果而勿伐，果而勿骄，果而不得已，果而勿强。意思是说，善于使用处罚的管理者，只求达到目的就行了，而不敢逞强；达到了目的，切不可以此矜持和夸耀。因此，"惩罚"是"不得已而用之"的，而且"恬淡为上"。

总之，"赏罚并用"作为一种有效的统御之道，需要领导人结合具体的情境、事件、对象综合考虑，组织实施，才能既拉近与下属的距离，又保持自己的威信，实现恩威并济、推诚致用。

◆

# 第 16 章

# 升维思考

## 逆转我们的人生和财富

---

　　一个人有怎样的想法，就有怎样的人生和命运。跳出眼前问题的限制与常规解法，通过层级、时间、视角、边界、位置、结构的变换，重新思考问题及其解决之道，我们才能逆转人生，实现个人财富增长。

---

## 世界上到处都是有才华的穷人

法国诗人兼戏剧家爱德华·帕耶龙说：取得成功后，总有一些人说那是因为你有才华。

当某人成就斐然时，人们常常简单地把一切归功于对方才华出众，却忽视了当事人在见识、品格、眼界等方面的修为。

在我们身边，从来不缺少有才华的人。但是，满腹才华却无法施展，找不到实现梦想的机会，或者过着穷困潦倒的日子，这就与个人眼界有莫大关系了。视野狭窄的人，只看到蝇头小利，即使才华横溢也不被赏识，自然失去天赐良机。

美国南北战争时期，有一位名叫高尔顿的将军，军事才华出众。可是他毫无城府，爱放大炮，不但使上司颇为难堪，自己也失去了不少人缘，被同事们称为"军队内部的战争贩子"。

有一年，高尔顿到斯科菲尔德军营观看演习。他对这次演习非常不满，于是直接向指挥官递交了一份措辞激烈的意见书。他的这种做法违反了纪律，因为身为一名少将，无权指责一名中将指挥官。这样一来，他便招致了上司的非议和怨恨。

然而，高尔顿并未吸取教训。第二年，在观看了一场战术演习后，他又一次递交意见书指责指挥官和其他人员训练无素、准备不足，没有达到预定的目的。虽然这次他很明智地请副官代替自己签了名，但其他军官心里很清楚，知道这又是他搞的鬼。于是，大家联合起来一致声讨高尔顿。

众怒难平，司令官没有办法，只好把爱放大炮的高尔顿从少将的位置上撤下来。就这样，本来很有前途的一位军事才俊中断了自己的美好前程。

虽然才华横溢，却缺乏做人的谦和，少了洞察一切的眼光，注定无法与周围的环境融洽相处，也不会获得跃迁的机会。许多时候，成功是多种因素作用的结果，仰仗才华颐指气使的人，不会有太大的作为。

现代管理学之父彼得·德鲁克说：一个人的聪明、想象力和知识跟他的效能没有太大关系……这三者必不可少，可是只有通过效能才能转化成现实的成果；光靠它们，只会为你原本能做成的事设置限制。

才华犹如一把"双刃剑"，可以刺伤别人，也会刺伤自己。展示个人才华的时候应该小心翼翼，就像平时应把剑插在剑鞘里。如果想取得更大的成就，应该修炼"藏露"之功，当智则智，当愚则愚。在特定时刻，愚也是一种智，体现着人的格局。

在人生道路上，每个人都在不断地作出选择。眼界宽的人既能关注当下，也能看到未来；既能掌控自我，也能考虑他人。因此，他们能充分发挥个人才智，实现预期目标。相反，有的人眼界狭窄，做事急功近利，即便握有一手好牌，最后也一败涂地。

这个世界上，有能力的人很多，某些耀眼的才华甚至是一种天赋，你无法选择。然而在为人处世中，你可以选择以一种什么样的态度面对生活，以什么样的方式活着。有大格局的人眼界宽，既考虑自己的需求，也照顾别人的利益，因此处处受欢迎，让个人才华绽放。

## 因为没钱，所以要拼命赚钱

在世界各地，许多成功的商人都出身贫寒，他们谈到自己的创业动力时，都会说同一句话："越穷越想成为有钱人。"穷困，使人产生赚钱的勇气和智慧。有了目标，再加上努力，就有了后来的成功。

李嘉诚曾说："我17岁就开始当推销员，深刻体会到挣钱的不容易、生活的艰辛。人家做8个小时，我就做16个小时。"

1928年7月29日，李嘉诚出生在广东潮州潮安县一个并不富裕的家庭。1943年，父亲李云经病逝，给整个家庭带来沉重的打击。为了养活年迈的母亲和三个弟妹，14岁的李嘉诚被迫辍学，开始自谋生路。他干过苦力，也曾寄人篱下，但是他知道自己肩负重担，因此拼命地赚钱。

多年来，李嘉诚经历了无数挫折。他一步一步走来，凭借坚强的毅力和刻苦奋斗，积累了第一桶金，慢慢把生意做大，才有了日后辉煌的成就。

因为没钱，尝过别人从未尝过的苦，也遭受过他人的冷眼相待，所以更渴望通过奋斗拥有更多财富，改变自己的命运，乃至帮助更多人。

赚钱必须能吃苦，很多商人都是在逆境中成长起来的。一方面，他们要冒险投资，把千方百计筹集或积累的资金投入生产，自己承担全部风险；另一方面，他们投入具体经营活动，亲自到第一线劳动，为了节省开支甚至不请帮手。艰苦的环境、恶劣的条件，培养了他们的自立精神。

是穷困，是信念，让人们想突破自我，赚更多的钱，改变自己的人生。日复一日地努力，才有了今天不一样的自己和成功。一个人无法选择家庭和父母，但是如果能将压力转化成一种无形的动力，那么一切皆有可能。

"贫穷"不应该成为人生路上的标签，人不可能会一直穷下去。我们都有追求美好生活和幸福的权利，只有坚持终身学习，才能持续精进自我，对得起自己来过人间一趟。贫穷不可怕，怕的是一直穷下去。因为没钱，所以我们要拼命赚钱，依靠勤劳的双手和灵活的头脑改变经济状况。

对普通人来说，依靠个人奋斗改善经济状况，给予家人更好的物质条件，是肩负的重大责任。如果你想变得富有，却不肯行动，抱怨自己没有资金、技术和人脉，那你永远也赚不到钱。

其实，赚钱是有模式和方法的。除了刻苦勤奋努力，我们需要坚持有效自学，学会正确做事，积累了一定财富以后进行理性投资，从而让自己持续升值。

## ◎坚持刻苦修炼赚钱技能

你需要具备坚忍的态度和毅力，在实践中获取赚钱的经验与智慧，然后奔着"钱"的目标和方向付出不懈的努力。具体来说，你要学习一技之长，通过工资收入积累资金；到达一定程度后，要学习投资技巧，依靠钱生钱。

◎向优秀人士学习赚钱技巧

你需要向优秀人士学习成功的经验，学习他们的态度和投资经营理念，将着眼点放在"盈利"本身上，创造更大的收益。

## 没有淡季的市场，只有疲软的思想

在竞争日益激烈的时代，科技在发展和进步，市场永远具有生命力，它充满生机，是沸腾的。也许你会说，市场不会偏爱于每一个人，有的人成功，有的人失败。毋庸置疑的是，市场永远具有活力。在任何情况下，请不要将失败的原因归咎于市场疲软、不景气，而应静下心来反思为什么自己会失败。

市场上流行一句话：只有淡季的思想，从来没有淡季的市场；只有疲软的思想，从来没有疲软的市场。面对竞争日益激烈的市场，人们的智商和策略没有太大的区别，关键在于是否具备稳健的心态，具有不同于常人的心智。

张三和李四同时到一家公司应聘，老板给了两人同样的信封。信封里面的纸上写着同样的问题：想办法把梳子卖给和尚，如果谁可以完成这个任务，就可以成为公司的正式员工。

张三在打开信封的时候，看到"把梳子卖给和尚"这个任务，感觉不可思议。他认为，这是一个不可能完成的任务，老板一定是在戏弄他，太不靠谱了。于是在这种心态指引下，张三连续多次到达寺庙后，没有卖出一把梳子。

李四的态度与张三截然不同。他接到任务之后，首先深入市场进行调查研究，然后设计营销方案，将梳子的诸多优势展现给寺庙的和尚。结果没过多长时间，他就成功将梳子卖给了和尚，完成了老板布置的任务。

后来，张三问李四："你为何能发现商机呢?"李四回答："解题的关键在于积极的心态。市场机会无处不在，只要自己肯下功夫，必然能打开市场。如果认为不可能，那么就没有任何机会了。"

任何时候，心态和认知都是成功的首要因素。面对市场诸多不可能的时候，千万不能自我设限，到头来走不出认知局限的囚笼。没有疲软的市场，只有疲软的思想。我们要认清一个现实，没有人为你创造机会，只有自己争气才有机会。

## ◎学会创造需求

我们不但要迎合市场、追随市场，还要善于创造市场需求。许多有效需求市场，无不经过长时间的引导消费方才最后形成。从坐独轮车到坐飞机，人的需求进步，需要引导、需要培育。产品是卖出来的，品牌是卖出来的，市场也是卖出来的。等待是会丢失市场的，只有引导与开导才会有新市场。

## ◎在司空见惯中找商机

许多生意都在各种司空见惯的现象中。但是，大多数人都麻木不仁，感到无所谓，一切顺其自然，结果许多机会也就在不经意中溜走了。偶然与巧合给人以信息，有心人利用了这信息，成为财富的拥有者。

## 拥有从垃圾里淘金子的思维

获取更多财富，需要拥有更多智慧。许多时候，带着常规思维看问题往往一筹莫展，懂得逆向思考则会别有洞天。

财商高的人认为，天下没有不赚钱的行业，没有不赚钱的方法，只有不赚钱的人。在各行各业，总有一些人能干出名堂，小生意做出了高利润。哪怕是垃圾，他们也能从中淘到金子。

中国经济持续发展，全国电子产品市场规模惊人，每年进入更新时期的"四机一脑"（电视机、洗衣机、电冰箱、冷暖气机、电脑）数量庞大。面对这些电子垃圾，许多人头疼不已，但是善于发现商机的潮汕商人看出了门道。

从20世纪90年代起，潮阳贵屿人就从电子垃圾中寻宝了。一段时间以来，贵屿镇成为全世界最大的电子电器拆解基地，当地有20多个村、300多家企业、3万多人从事这个行业。在走过低级污染的初级阶段后，贵屿人积累了丰富的专业经验，开始从"垃圾经济"走向循环经济，把这里变成了资源再生产业化基地。

拥有逆向思维的人，可以透过日常生活的小事发现商机，一次次打破常人的认知。在他们身上，不断演绎着赚钱可以是无处不在、无时不在的传奇，带给世人很大启示。

做生意要有灵活的头脑，哪一行做好了都会赚钱，正所谓"三百六十行，行行出状元"。拥有从垃圾里淘金子的思维，需要践行

"商者无域"的理念，依靠一双慧眼持续发现商机。

◎从市场的"边边角角"寻找机会

边边角角往往易被人忽视，而这也正是可以利用的空隙。别人认为千万做不得的生意，或是不屑于做的生意，往往隐藏着极大的机会。逆向思考就会发现，因为没有人跟你竞争，所以做起来就稳如泰山。重要的是快速抓住机会，成为第一个吃螃蟹的人。

◎从市场竞争对手产品的缺陷中获取灵感

研究竞争对手的时候，从中找出其产品的弱点或缺陷，如果我们能够攻克它，为用户提供价值，就能赢得商机。"取竞争者之长，补竞争者之短"，聪明的商家懂得找准市场切入点，开发性能更好、价格更低的产品或服务，从而获取丰厚的利润。

◎从市场供求差异中捕捉商机

在市场经济条件下，市场供求总是有一定差异的，这些差异其实就是商机。比如，城市家庭中洗衣机的市场需求总量为100%，而市场供应量只有70%，对公司来说就有30%的市场机会可供选择和开拓。

做生意没有固定的模式，全靠经营者的头脑和眼力。在司空见惯的市场上，聪明的经营者善于逆向思考，于细微处捕捉商机。这种从垃圾里淘金子的思维，值得每个人学习和借鉴。


## 大势不好未必你不好


你是否曾经怀疑过自己？为什么自己的创业方向没有前景，没有发展空间？你是否曾经否定过自己，为何一事无成？你是否曾经羡慕过他人，认为你与成功人士之间隔了一道鸿沟？

实际上在很多情况下，大势好未必你好，大势不好未必你也不好。在很多情况下，创业本身具有很大的风险和未知性，但并不代表之后乃至未来不一定会成功。相反，一些看似有发展前景的行业并不代表未来一路坦途。

面对经济不景气及行业洗牌，懂得逆向思考的人善于发现机会，在萧条的冬天生存下去，而不至于倒下，最终迎来"柳暗花明又一村"的发展机遇。

20世纪60年代，香港地区受到外部环境影响，掀起了一股移民潮。移民者以有钱人居多，他们纷纷低价抛售物业。结果，新落成的楼宇无人问津，整个房地产市场卖多买少，有价无市。

面对这种情形，香港地区的地产商、建筑商焦头烂额，一筹莫展。有一位商人反其道而行之，做出"人弃我取，趁低吸纳"的决策。几年后，香港地区百业复兴，地产行情转旺，这位商人赚得盆满钵满。

大势不好，一大批公司面临破产甚至倒闭，这并不意味着寒冷的冬天即将到来，反而有利于整个行业的良性发展。正是因为这些公司的破产，才给那些盲目跟风创业的人敲响了警钟，结束了行业内部彼此恶性竞争的局面，而那些留存下来的公司则能够更清楚、更理智地去看待行业的发展前景，从而推动市场秩序健康发展。

我们无法改变万事万物，事物的发展都有自然的规律。别因为势态不好，就退缩不前，束手无策，也不要因为势态不好而在无形中否定自我。任何情况下，大势不好，并不代表着一切都糟糕。

### ◎勇敢创造属于自己的大势

你要学会蛰伏，在当前竞争日益激烈的大环境下，突破眼前的障碍和瓶颈，蟾宫折桂，创造属于自己的大势。

### ◎正确分析形势，找到突围之路

你要学会分析当前的形势，找到有利于自己发展的方向，从而规避创业过程中遇到的难题。

### ◎大胆创造机会和需求

你要学会为自己创造机会，创造需求。无论是市场繁荣期还是市场低迷期，都要学会寻找新的市场需求。